1. PRINCIPIOS BÁSICOS T.P.M.

1.1 ¿QUÉ ES T.P.M.?

Mantenimiento Productivo Total es la traducción de TPM ® (Total Productive Maintenance). El TPM es el sistema japonés de mantenimiento industrial desarrollado a partir del concepto de "mantenimiento preventivo" creado en la industria de los Estados Unidos.

La organización japonesa conocida como JIPM (Japan Institute of Plant Maintenance) es el instituto que ha desarrollado las metodología y conceptos de TPM. Desde los años sesenta ha trabajado en la promoción de modelos de mantenimiento eficientes y aplicables a todo tipo de industria.

El JIPM ha registrado como marca el término TPM®. En la mayoría de países de Europa y América el JIPM posee los derechos registrados de esta marca.

Respetuosos a las políticas del JIPM y normas de propiedad intelectual, se utilizará el término TPM en este documento, considerando y reconociendo que es una marca registrada del JIPM. Cada vez que se haga referencia a este término, se debe tener en cuenta que es el nombre de una marca del JIPM y no se trata de un término genérico.

Se asume el término TPM con los siguientes enfoques: la letra M representa acciones de *management* y *mantenimiento*. Es un enfoque de realizar actividades de dirección y transformación de empresa. La letra P está vinculada a la palabra "productivo" o "productividad" de equipos pero hemos considerado que se puede asociar a un término con una visión más amplia como "perfeccionamiento". La letra T de la palabra "total" se interpreta como "*todas* las actividades que realizan *todas* las personas que trabajan en la empresa".

El TPM es una estrategia compuesta por una serie de actividades ordenadas que una vez implantadas ayudan a mejorar la competitividad de una organización industrial o de servicios. Se considera como estrategia, ya que ayuda a crear capacidades competitivas a través de la eliminación rigurosa y sistemática de las deficiencias de los sistemas operativos. El TPM permite diferenciar una organización en relación a su competencia debido al impacto en la reducción de los costes, mejora de los tiempos de respuesta, fiabilidad de suministros, el conocimiento que poseen las personas y la calidad de los productos y servicios finales.

El JIPM define el TPM como un sistema orientado a lograr:

- cero accidentes

- cero defectos

- cero averías

- cero pérdidas

Estas acciones deben conducir a la obtención de productos y servicios de alta calidad, mínimos costes de producción, alta moral en el trabajo y una imagen de empresa excelente. No solo debe participar las áreas productivas, se debe buscar la eficiencia global con la participación de todos las personas de todos los departamentos de la empresa. La obtención de las "cero pérdidas" se debe lograr a través de la promoción de trabajo en grupos pequeños, comprometidos y entrenados para lograr los objetivos personales y de la empresa.

1.2 OBJETIVOS.

Los objetivos que una organización busca al implantar el TPM pueden tener diferentes dimensiones:

Objetivos estratégicos.

El proceso TPM ayuda a construir capacidades competitivas desde las operaciones de la empresa, gracias a su contribución a la mejora de la efectividad de los sistemas productivos, flexibilidad y capacidad de respuesta, reducción de costes operativos y conservación del "conocimiento" industrial.

Objetivos operativos.

El TPM tiene como Propósito en las acciones cotidianas que los equipos operen sin averías y fallos, eliminar toda clase de pérdidas, mejorar la fiabilidad de los equipos y emplear verdaderamente la capacidad industrial instalada.

Objetivos organizativos.

El TPM busca fortalecer el trabajo en equipo, incremento en la moral en el trabajador, crear un espacio donde cada persona pueda aportar lo mejor de sí, todo esto, con el Propósito de hacer del sitio de trabajo un entorno creativo, seguro, productivo y donde trabajar sea realmente grato

1.3   CARACTERÍSTICAS.

Las características del TPM más significativas son:

- Acciones de mantenimiento en todas las etapas del ciclo de vida del equipo.

- Participación amplia de todas las personas de la organización.

- Es observado como una estrategia global de empresa, en lugar de un sistema para mantener equipos.

- Orientado a la mejora de la Efectividad Global de las operaciones, en lugar de prestar atención a mantener los equipos funcionando.

- Intervención significativa del personal involucrado en la operación y producción en el cuidado y conservación de los equipos y recursos físicos.

- Procesos de mantenimiento fundamentados en la utilización profunda del conocimiento que el personal posee sobre los procesos.

El modelo original TPM propuesto por el Instituto Japonés de Mantenimiento de Plantas sugiere utilizar *pilares* específicos para acciones concretas diversas, las cuales se deben implantar en forma gradual y progresiva, asegurando cada paso dado mediante acciones de autocontrol del personal que interviene.

El TPM se orienta a la mejora de dos tipos de actividades directivas:

a) dirección de operaciones de mantenimiento y

b) dirección de tecnologías de mantenimiento.

El TPM es sinérgico con otras estrategias de mejora de las operaciones como el sistema de producción Justo a Tiempo, Mass Customization, Total Quality Management, Gestión del Conocimiento Industrial, modelos de certificación de sistemas de calidad, etc

1.4   BENEFICIOS.

Organizativos.

- Mejora de calidad del ambiente de trabajo .
- Mejor control de las operaciones.
- Incremento de la moral del empleado.
- Creación de una cultura de responsabilidad, disciplina y respeto por las normas.
- Aprendizaje permanente.
- Creación de un ambiente donde la participación, colaboración y creatividad sea una realidad.
- Dimensionamiento adecuado de las plantillas de personal.
- Redes de comunicación eficaces.

Seguridad.

- Mejorar las condiciones ambientales.
- Cultura de prevención de eventos negativos para la salud.
- Incremento de la capacidad de identificación de problemas potenciales y de búsqueda de acciones correctivas.
- Entender el porqué de ciertas normas, en lugar de cómo hacerlo.
- Prevención y eliminación de causas potenciales de accidentes.
- Eliminar radicalmente las fuentes de contaminación y polución.

Productividad.

- Eliminar pérdidas que afectan la productividad de las plantas.
- Mejora de la fiabilidad y disponibilidad de los equipos.
- Reducción de los costes de mantenimiento.
- Mejora de la calidad del producto final.
- Menor coste financiero por recambios.
- Mejora de la tecnología de la empresa.
- Aumento de la capacidad de respuesta a los movimientos del mercado.
- Crear capacidades competitivas desde la fábrica.

1.5 HISTORIA.

El mantenimiento preventivo fue introducido en Japón en la década de los cincuenta en conjunto con otras ideas como las de control de calidad, Ciclo Deming y otros conceptos de management americano. Posiblemente en la creación del TPM influyó el desarrollo del modelo *Wide - Company Quality Control* o *Total Quality Management* . En la década de los sesenta en el mundo del mantenimiento en empresas japonesas se incorporó el concepto Kaizen o de mejora continua. Esto significó que la función de mantenimiento no era solo corregir las averías, sino mejorar la fiabilidad de los equipos en forma permanente con la contribución de todos los trabajadores de la empresa.

Este progreso de las acciones de mejora llevo a crear el concepto de prevención del mantenimiento, realizando acciones de mejora de equipos en todo el ciclo de vida: diseño, construcción y puesta en marcha de los equipos productivos para eliminar actividades de mantenimiento.

El **TPM** nació en Nippondenso Co., Ltd., una importante empresa proveedora del sector del automóvil. Esta compañía introdujo esta visión de mantenimiento en 1961. La compañía logró grandes resultados de su modelo de mantenimiento a partir de 1969 cuando introdujo sistemas automatizados y de transferencia rápida, los cuales requería alta fiabilidad. El nombre inicial fue "Total member participación PM" abreviado (TPM). Este nombre muestra el verdadero sentido del TPM, esto es participación de todas las personas en el mantenimiento preventivo (PM). La compañía recibió un premio por la excelencia al PM en 1971. Para el desarrollo del PM de Nippondendo, el Japan Institute of Plant Engineers (JIPE) apoyó y ayudó a desarrollar el modelo de mantenimiento. Posteriormente el JIPE se transformaría en el Japan Institute of Plant Maintenance (JIPM) organización líder y creadora de los conceptos TPM. A esta empresa se le reconoció con el Premio de Excelencia Empresarial y que más tarde se transformó en Premio PM (Mantenimiento Productivo).

En la década de los ochenta se introdujo el modelo de mantenimiento basado en el tiempo (TBM) como parte del modelo TPM. El aporte del sistema RCM (Reliability Center Maintenance) o mantenimiento centrado en la fiabilidad ayudó a mejorar la eficiencia de las acciones preventivas de mantenimiento.

El TPM ha progresado muy significativamente y continuará beneficiando de los desarrollos recientes de las telecomunicaciones, tecnologías digitales y otros modelos emergentes de dirección y tecnologías de mantenimiento. Posiblemente en los siguientes años se incorporen al TPM modelos probados de gestión de conocimiento, nuevos sistemas económicos y financieros, tecnología para el análisis y estudio de averías automático y nuevos desarrollos.

El JIPM ha evolucionado la idea de TPM y hoy se reconoce que el TPM ha logrado cubrir todos los aspectos de un negocio. Se conoce como el modelo TPM de tercera generación, donde más que mantener el equipo, se orienta a mejorar la productividad total de una organización. TPM no es aplicar 5S e informatizar la gestión de mantenimiento como algunos creen. El modelo JIPM moderno pretende que una organización sea dirigida dentro del concepto de mantener hacer uso adecuado de todos los recursos de una organización.

2. VISIÓN GENERAL DEL T.P.M.

2.1 PROCESOS FUNDAMENTALES T.P.M.

Los procesos fundamentales han sido llamados por el JIPM como *"pilares"*. Estos pilares sirven de apoyo para la construcción de un sistema de producción ordenado. Se implantan siguiendo una metodología disciplinada, potente y efectiva. Los pilares considerados por el JIPM como necesarios para el desarrollo del TPM en una organización son:

Mejoras enfocadas o *Kobetsu Kaizen*.

Son actividades que se desarrollan con la intervención de las diferentes áreas comprometidas en el proceso productivo, con el objeto maximizar la Efectividad Global de Equipos, procesos y plantas; todo esto a través de un trabajo organizado en equipos funcionales e interfuncionales que emplean metodología específica y centran su atención en la eliminación de cualquiera de las 16 pérdidas existentes en las plantas industriales.

Mantenimiento Autónomo o *Jishu Hozen*.

Una de las actividades del sistema TPM es la participación del personal de producción en las actividades de mantenimiento. Este es uno de los procesos de mayor impacto en la mejora de la productividad. Su Propósito es involucrar al operador en el cuidado del equipamiento a través de un alto grado de formación y preparación profesional, respeto de las condiciones de operación, conservación de las áreas de trabajo libres de contaminación, suciedad y desorden.

El mantenimiento autónomo se fundamenta en el conocimiento que el operador tiene para dominar las condiciones del equipamiento, esto es, mecanismos, aspectos operativos, cuidados y conservación, manejo, averías, etc. Con este conocimiento los operadores podrán comprender la importancia de la conservación de las condiciones de trabajo, la necesidad de realizar inspecciones preventivas, participar en el análisis de problemas y la realización de trabajos de mantenimiento liviano en una primera etapa, para luego asimilar acciones de mantenimiento más complejas.

Mantenimiento planificado o progresivo.

El objetivo del mantenimiento planificado es el de eliminar los problemas del equipamiento a través de acciones de mejora, prevención y predicción. Para una correcta gestión de las actividades de mantenimiento es necesario contar con bases de información, obtención de conocimiento a partir de los datos, capacidad de programación de recursos, gestión de tecnologías de mantenimiento y un poder de motivación y coordinación del equipo humano encargado de estas actividades.

Mantenimiento de Calidad o *Hinshitsu Hozen.*

Esta clase de mantenimiento tiene como Propósito mejorar la calidad del producto reduciendo la variabilidad, mediante el control de las condiciones de los componentes y condiciones del equipo que tienen directo impacto en las características de calidad del producto. Frecuentemente se entiende en el entorno industrial que los equipos producen problemas cuando fallan y se detienen, sin embargo, se pueden presentar averías que no detienen el funcionamiento del equipo pero producen pérdidas debido al cambio de las características de calidad del producto final. El mantenimiento de calidad es una clase de mantenimiento preventivo orientado al cuidado de las condiciones del producto resultante.

Prevención de mantenimiento.

Son aquellas actividades de mejora que se realizan durante la fase de diseño, construcción y puesta a punto de los equipos, con el objeto de reducir los costes de mantenimiento durante su explotación. Una empresa que pretende adquirir nuevos equipos puede hacer uso del historial del comportamiento de la maquinaria que posee, con el objeto de identificar posibles mejoras en el diseño y reducir drásticamente las causas de averías desde el mismo momento en que se negocia un nuevo equipo. Las técnicas de prevención de mantenimiento se fundamentan en la teoría de la fiabilidad, esto exige contar con buenas bases de datos sobre frecuencia de averías y reparaciones.

Mantenimiento en áreas administrativas.

Esta clase de actividades no involucra el equipo productivo. Departamentos como planificación, desarrollo y administración no producen un valor directo como producción, pero facilitan y ofrecen el apoyo necesario para que el proceso productivo funcione eficientemente, con los menores costes, oportunidad solicitada y con la más alta calidad. Su apoyo normalmente es ofrecido a través de un proceso productivo de información.

Entrenamiento y desarrollo de habilidades de operación.

Las habilidades tienen que ver con la correcta forma de interpretar y actuar de acuerdo a las condiciones establecidas para el buen funcionamiento de los procesos. Es el conocimiento adquirido a través de la reflexión y experiencia acumulada en el trabajo diario durante un tiempo. El TPM requiere de un personal que haya desarrollado habilidades para el desempeño de las siguientes actividades:

- Habilidad para identificar y detectar problemas en los equipos.
- Comprender el funcionamiento de los equipos.
- Entender la relación entre los mecanismos de los equipos y las características de calidad del producto.
- Poder analizar y resolver problemas de funcionamiento y operaciones de los procesos.
- Capacidad para conservar el conocimiento y enseñar a otros compañeros.
- Habilidad para trabajar y cooperar con áreas relacionadas con los procesos industriales.

Relación entre pilares.

Los procesos fundamentales o "pilares" del TPM se deben combinar durante el proceso de implantación. Debe existir una cierta lógica para la implantación del TPM en la empresa y esta dependerá del grado de desarrollo que la compañía posea en su función productiva y de mantenimiento en relación a cada uno de los procesos fundamentales.

Por ejemplo, en una cierta empresa proveedora del sector eléctrico ha decidido iniciar sus actividades TPM a través del Mantenimiento de Calidad, ya que la planta es nueva y la tecnología que posee es muy moderna. Los equipos se han comprado recientemente, por lo tanto el grado de deterioro acumulado no es un problema en esta planta.

Una planta antigua deberá iniciar sus actividades de TPM implantando el pilar Mejoras Enfocadas y seguramente el Mantenimiento Autónomo podrá contribuir también a mejorar el estado del equipo de la planta.

2.2   PREMISAS DE BASE.

Las premisas de base son los cimientos sobre los que se debe construir el sistema TPM. Estos incluyen los siguientes elementos:

- Valores y principios
- Propósito estratégico
- Responsabilidad recíproca

Los valores y principios.

Son aquellas creencias profundas que el individuo considera importante. La palabra valor deriva del latín valere, "ser fuerte, vigoroso, potente", es todo aquello que es digno de mérito y respeto. Los valores son permanentes y moldean los sentimientos, conducta y comportamiento de la persona. Estos valores determinan las prioridades conque la empresa decide sus acciones.

Los valores en los que se apoya el TPM son:

- Respeto por el individuo
- Respeto por el medio ambiente de trabajo
- Aprecio por los recursos disponibles de la empresa

Propósito estratégico.

Son ambiciones a las que aspira la organización. Proviene de la palabra latina proponere "declarar". Los expertos Prahalad y Hamel consideran que "el Propósito estratégico tiene presente la visión de como debe ser la posición de liderazgo deseada de la empresa y establece criterios que la organización utilizará para establecer el camino y las pautas de su progreso". El Propósito estratégico es un reto que la dirección promueve dentro de la organización para generar espíritu de "esfuerzo" dirigido. El Propósito estratégico es más que una ambición, numerosas compañías poseen un Propósito estratégico ambicioso y sin embargo no alcanzan sus objetivos. Este concepto debe abarcar también un proceso activo de dirección que:

- Centre la atención de la empresa en la idea profunda del triunfo; motivar al personal mediante la comunicación del valor del objetivo; dejar espacio para las aportaciones individuales y de equipos; mantener entusiasmo proporcionando nuevas definiciones operativas a medida que cambian las circunstancias.
- Debe ser estable a lo largo del tiempo. El Propósito estratégico debe brindar coherencia a las acciones a corto plazo.
- El Propósito estratégico fija unos objetivos que merecen el esfuerzo y el compromiso del personal. Se trata de crear una fuerza interna que permita lograr coherencia de todas las actividades que se desarrollan en la empresa.

Crear una sensación de urgencia. Esto muestra al interior de la organización la necesidad de crear un ambiente de mejora y proporcionar a los empleados la capacidad y conocimiento necesario para que puedan trabajar eficazmente.

Responsabilidad recíproca.

El reto de mejorar la organización debe comprometer a los empleados "intelectual y emocionalmente" en el desarrollo e innovación de su capacidad profesional. El reto de mejorar la empresa y el sistema productivo solamente se arraigará, si la dirección de la empresa y los trabajadores de los diferentes niveles sienten una responsabilidad recíproca por la competitividad. Responsabilidad recíproca significa esfuerzo compartido y crecimiento compartido. Tanto la dirección como los trabajadores deben comprometerse para transformar la organización en forma recíproca, por que, en definitiva, la competitividad depende del ritmo al que la empresa incorpora nuevas ventajas dentro de la organización, no de sus ventajas en un momento dado.

2.3   T.P.M. COMO SISTEMA.

El siguiente modelo TPM debe servir para diseñar una estrategia de implantación. El TPM es un sistema integrado y no debe verse como un grupo de acciones simples de limpieza, gestionar automáticamente la información de mantenimiento o aplicar una serie de técnicas de análisis de problemas. El TPM es una estructura de gestión industrial que involucra procesos de dirección, gestión del conocimiento, arquitectura organizativa y dirección del talento humano.

Presentar el TPM en forma sintética, pero completa no es una tarea fácil, ya que del modelo japonés y el material escrito por estos expertos no emerge una visión global. Pretendemos en este apartado presentar el TPM como un sistema e introducimos sus componentes.

La visión global del TPM que hemos considerado está representado en el siguiente esquema:

TPM COMO UN SISTEMA INTEGRADO

| Estrategia y Dirección por Políticas |

| Trabajos de Conocimiento |

Ocho pilares TPM

Mejoras Enfocadas
Mantenimiento Autónomo
Mantenimiento Especializado
Mantenimiento de Calidad
TPM en Áreas Administrativas
Seguridad, Higiene y Medio Ambiente
Educación y Entrenamiento
Gestión Temprana de Mantenimiento

| Liderazgo y Equipos Apoderados |

Estrategia y Dirección por Políticas

- Misión, visión y valores de la compañía
- Objetivos estratégico de las operaciones
- Despliegue de objetivos y acciones
- Gestión orientada al proceso
- Medidas

Trabajos de Conocimiento

- Sistemas de información para la gestión TPM
- Visual Management
- Diálogo y conversación como procesos de trabajo
- Gestión del conocimiento
- Trabajo estandarizado

Pilares o procesos fundamentales TPM

- Mejoras Enfocadas

- Mantenimiento Autónomo

- Mantenimiento Especializado

- Mantenimiento de Calidad

- TPM en Áreas Administrativas

- Seguridad, Salud y medio ambiente

- Educación y entrenamiento

- Gestión Temprana de mantenimiento

Liderazgo y Equipos Apoderados

- Dirección altamente involucrada

- Liderazgo por "pilares" o procesos

- Equipos Autónomos

- Supervisor como líder formador

2.4 PLAN MAESTRO T.P.M.

La planificación es un instrumento fundamental para el desarrollo del TPM en la empresa. Se considera como un verdadero mapa que orienta la implantación de cada uno de los pilares TPM en forma coherente, de acuerdo con las restricciones y características de cada empresa.

Los planes maestros muestran las líneas de acción para implantar el TPM. No hemos incluido detalles específicos de estos planes por motivos de dificultad en su presentación.

El siguiente esquema presenta las acciones a desarrollar en un plan general de mantenimiento.

ESTRATEGIAS PARA TRANSFORMAR EL MANTENIMIENTO INDUSTRIAL

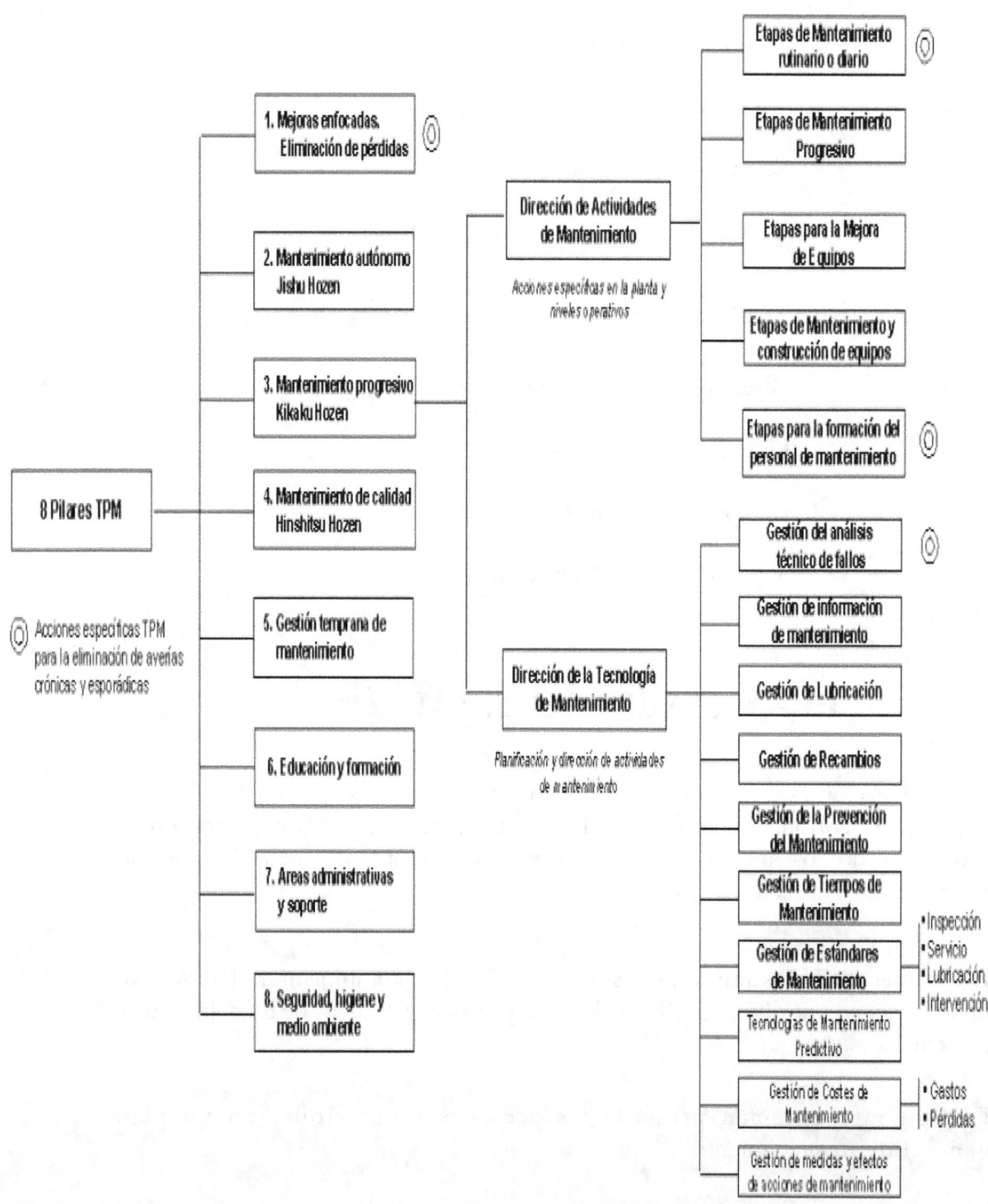

3. TÉCNICAS DE MEJORA.

3.1   DEFINICIONES.

¿Qué es una avería?

La siguiente definición de *avería* es la que hemos adoptado como fundamento teórico de este texto.

Avería: *Cese de la capacidad de una entidad para realizar su función específica.* El término entidad equivale términos generales a equipo, conjunto, sistema, máquina o ítem.

El diccionario de la Real Academia Española de la Lengua indica que el término *avería* es una palabra que procede del árabe *al-awarriyya* que significa daño que padecen las mercaderías. Donde la palabra *daño* es considerada como causar detrimento o echar a perder una cosa.

Se puede decir que una avería es la pérdida de la función de un elemento, componente, sistema o equipo. Esta pérdida de la función puede ser total o parcial. La pérdida total de funciones conlleva a que el elemento no puede realizar todas las funciones para las que se diseñó.

La avería parcial afecta solamente a algunas funciones consideradas como de importancia relativa. En este caso el sistema donde se encuentra el elemento averiado, puede operar con deficiencias de diversa índole y no afecta a las personas o produce daños materiales mayores.

Al definir una avería como perdida de la función y si cada elemento o sistema puede tener varias clases de funciones, necesariamente las averías se pueden categorizar. En la teoría de Análisis del Valor se considera que todo elemento u objeto puede tener varios tipos de funciones:

- principales o aquellas para las que el elemento fue diseñado, una bombilla su función principal es la de proporcionar luz.
- secundarias las que cumplen funciones de apoyo a las principales, un foco luminosos debe necesitar cierta resistencia los golpes.
- terciarias son aquellas que cumplen aspectos relacionados

con la estética. El bombillo debe tener una superficie limpia.

Por lo tanto, pueden existir diferentes clases de averías por función afectada:

- averías críticas o mayores. La que afecta las funciones del elemento consideradas como mayores.
- avería parcial. La que afecta a algunas de la funciones pero no a todas
- avería reducida. La que afecta al elemento sin que pierda su función principal y secundaria.

Esta clasificación es importante para desarrollar un modelo de análisis de averías. Una estrategia para la solución de averías debe considerar que existen averías críticas que son las prioritarias eliminarlas para conseguir un resultado significativo en la mejora del equipo. Esta forma de clasificación invita a que el Principio de Pareto sea utilizado como un instrumento muy útil para los estudios de diagnóstico.

Averías crónicas y esporádicas.

Otro tipo de clasificación de las averías se puede realizar por la forma como se pueden presentar estas a través del tiempo. Este tipo de clasificación también se debe tener en cuenta para el diseño de una estrategia de eliminación, ya que los métodos de solución pueden ser diferentes.

Los problemas de los equipos se clasifican en:

- Averías crónicas. Afecta el elemento en forma sistemática o permanece por largo tiempo. Puede ser crítica, parcial o reducida.
- Averías esporádicas. Afecta el elemento en forma aleatoria y puede ser crítica o parcial.
- Avería transitoria. Afecta durante un tiempo limitado al elemento y adquiere nuevamente su actitud para realizar la función requerida, sin haber sido objeto de ninguna acción de mantenimiento.

El comportamiento de cada una de estas pérdidas se muestra en la figura siguiente:

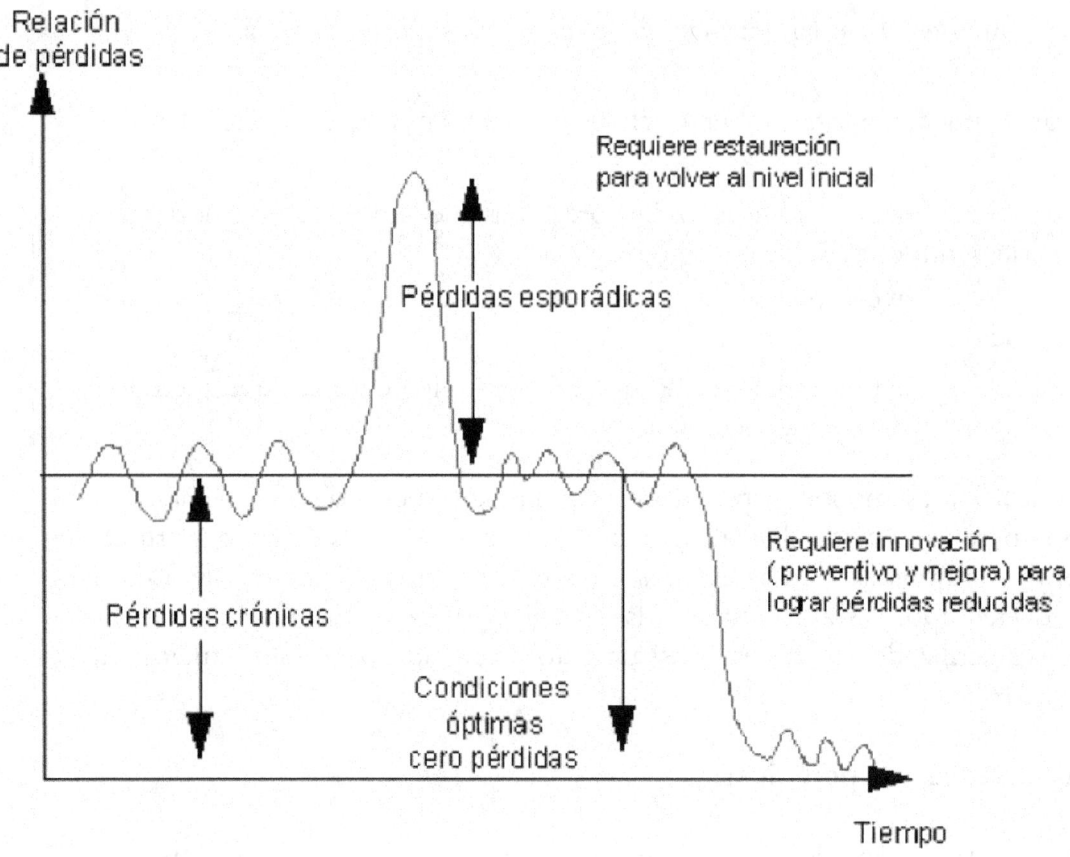

Averías esporádicas.

Esta clase de pérdidas, como indica su nombre, ocurren de repente y en forma no prevista. Las características principales de estas pérdidas son:

- Es poco frecuente su ocurrencia
- Por lo general resulta de una causa simple
- Es relativamente fácil identificar su causa y las medidas correctivas son simples y rápidas de aplicar

Su aporte es importante y producen grandes desviaciones en el proceso y por este motivo duran poco tiempo.

Averías crónicas

Este tipo de pérdidas están ocultas y permanecen en el tiempo. Su efecto es relativamente bajo, pero al sumarlo durante todo el tiempo que permanece puede llegar a ser muy importante para los resultados de la empresa. Esta clase de pérdidas se vuelven habituales para el personal de la empresa y en muchos casos ya no se aprecian por que *"hemos aprendido a vivir con ellas"*, por ejemplo, en una línea de empaque de productos de consumo sale aproximadamente cada media hora una caja sin pegar debido a una falla del equipo. Este problema no es dramático, pero muestra que el equipo presenta una falla sistemática en su

20

funcionamiento y que es necesario investigar.

La solución de problemas como un instrumento de aprendizaje organizacional.

La escuela del aprendizaje experimental reconoce que el conocimiento es creado a través de la transformación de la experiencia. Un trabajo en campo de análisis y solución de problemas de un equipo permite mejorar las habilidades de las personas y la comprensión que acompaña esa experiencia. Mientras que el aprendizaje operativo de resolver un problema se dirige hacia nuevas formas de hacer las cosas, el conceptual hace hincapié en nuevos modos de pensar sobre las cosas. Según Kolb el aprendizaje es un ciclo que relaciona experiencia con la reflexión para formación de conceptos abstractos.

El aprendizaje experimental es concebido como un ciclo de cuatro etapas: la experiencia es la base para la observación y la reflexión, estas observaciones son asimiladas en un nuevo grupo de conceptos abstractos y generalizaciones de la que se deducen nuevas implicaciones para la acción. La prueba de estas ideas crea situaciones nuevas que ofrecen otra experiencia concreta.

Sobre la base de este planteamiento, el análisis de este ciclo aplicado a la solución de averías nos revela que el aprendizaje enlaza dos fenómenos distintos, ya mencionados previamente. En el ciclo resulta fácil observar que, mientras el aspecto operativo se ve representado por la experiencia concreta y prueba en las múltiples intervenciones en equipos, el abstracto se pone de manifiesto por medio de la observación cuidadosa de los fenómenos que causaron la avería, reflexión y conceptualización. Este tipo ciclo se ve claramente en acción en la aplicación de la técnica TPM conocida como el Método PM o de análisis de fenómenos físicos.

Continuando con los conceptos teóricos, Jaikumar y Bohn desde una perspectiva de la dirección de operaciones, manifiestan que la resolución de problemas proporciona el aprendizaje necesario para modificar la realización de acciones posteriores y alterar la consecución de sucesos futuros. Hayes, también desde una posición más operativa, coloca al proceso de resolución de problemas en el centro del aprendizaje. De nuevo, su argumentación proviene de la creencia que las personas aprenden resolviendo problemas.

Siguiendo a estos autores se puede afirmar que el análisis y eliminación de una avería como un proceso de solución de problemas ofrece un resultado doble:

- Se resuelve el problema, esto es, se elimina la avería
- Se mejora la capacidad de aprendizaje de la persona por medio de modificaciones en su modelo mental, pudiéndose considerar este último el más importante del proceso.

Reflexión final.

La importancia de los métodos de análisis y eliminación de los problemas radica en la posibilidad de incrementar el conocimiento que posee el personal sobre los equipos en los que trabajan. Estos métodos disciplinados y rigurosos en su lógica cuando se practican van creando una nueva cultura de ver los problemas. No se trata solamente de poner en marcha un equipo si se ha averiado, la lógica de la metodología se orienta a la eliminación radical de las causas de los fallos.

Consideramos que sin la aplicación de esta clase de técnicas no pude existir un proyecto TPM exitoso y de impacto en la cultura de la productividad de una organización

3.2   MÉTODOS T.P.M.

Enfoque.

La metodología de mantenimiento para el análisis y eliminación de averías se orienta a los siguientes puntos:

Comprender y conocer el equipo profundamente.

En los últimos años se ha venido insistiendo que las empresas que pretendan mantenerse competitivas en los mercados del futuro, deberán preocuparse por mejorar el conocimiento de todo el personal y garantizar que existe un proceso de adquisición y transferencia efectiva de experiencias o conocimiento entre todos los trabajadores. Este es el punto de partida del TPM, ya que busca crear una organización empresarial en continuo aprendizaje y de mejora del conocimiento del personal técnico y operativo.

El TPM fue creado por el Instituto Japonés de Mantenimiento de Plantas (JIPM) para crear capacidades estratégicas competitivas en las empresas, fundamentadas en el recurso conocimiento de los trabajadores y la aplicación de un modelo de gestión integral del equipamiento. El TPM busca que el operario conozca lo mejor posible los equipos donde interviene diariamente, su estructura interna, funciones, restricciones, precisión y medios de seguridad, para de esta forma, pueda participar activamente en el cuidado y conservación del equipo. Sin este conocimiento no será posible llegar a identificar los factores causales profundos. Por este motivo, las metodologías TPM se apoyan en el aprendizaje continuo a partir de la experiencia y contacto diario con los equipos.

Reflexión sobre los fenómenos.

Los fenómenos son considerados cuidadosamente y en forma lógica. Se emplea un tiempo para realizar la reflexión sobre los fenómenos identificados y en lo posible, se verifica la hipótesis directamente sobre cada uno de los componentes de la máquina que se estudia. Se pretende evitar que el grupo humano tome decisiones con la única información tomada a partir de una tormenta de ideas. Este tipo de metodología permite adquirir conocimiento, no solo para la eliminación de los factores causales, sino que permite preparar al equipo para realizar aportes innovadores de cambio de diseño y modificaciones que permitan mejorar el rendimiento de la máquina.

Priorizar la información con cuidado y método

El experto japonés Shirose manifiesta que la priorización es necesaria para estudiar en forma ordenada una situación. Sin embargo, debido a una priorización realizada con poco conocimiento del equipo e información, se pueden descartar factores vitales para eliminar las pérdidas crónicas. En el procedimiento sugerido dentro del TPM se debe conocer profundamente el equipo para lograr establecer esta prioridad en los factores causales, de lo contrario, se deberá evitar la priorización y será necesario actuar en la mayoría de los factores causales posibles.

Técnicas TPM empleadas para el estudio de averías.

El TPM aporta varias metodologías poderosas para cumplir con los requisitos expuestos previamente. Las técnicas de mayor utilización y que estudiaremos a continuación son las siguientes:

- Análisis PM (Physical Method). Esta técnica se concentra en el análisis de los principios físicos del problema en estudio.

- Análisis Porqué-Porqué. Esta técnica emplea un proceso de diagnóstico riguroso.

- Análisis Modal de Fallos y Efectos (AMFE)

La estrategia de Mantenimiento Productivo Total para el diagnóstico de averías se inicia con la utilización de la **técnica Porqué-Porqué**. Esta técnica permite reducir en forma dramática la repetición de las averías, pero no la elimina en forma definitiva. Por este motivo es necesario emplear a continuación el método PM para lograr eliminar de raíz la mayor cantidad de factores causales y alcanzar altos niveles de confiabilidad en los equipos.

Cuando un equipo se encuentra bien mantenido y presenta una avería, se puede realizar su diagnóstico aplicando un análisis PM. Pero si el equipo se encuentra deteriorado y sus condiciones básicas están descuidadas, se considera que es más apropiado iniciar un estudio con la técnica Porqué-Porqué, antes de aplicar un análisis PM.

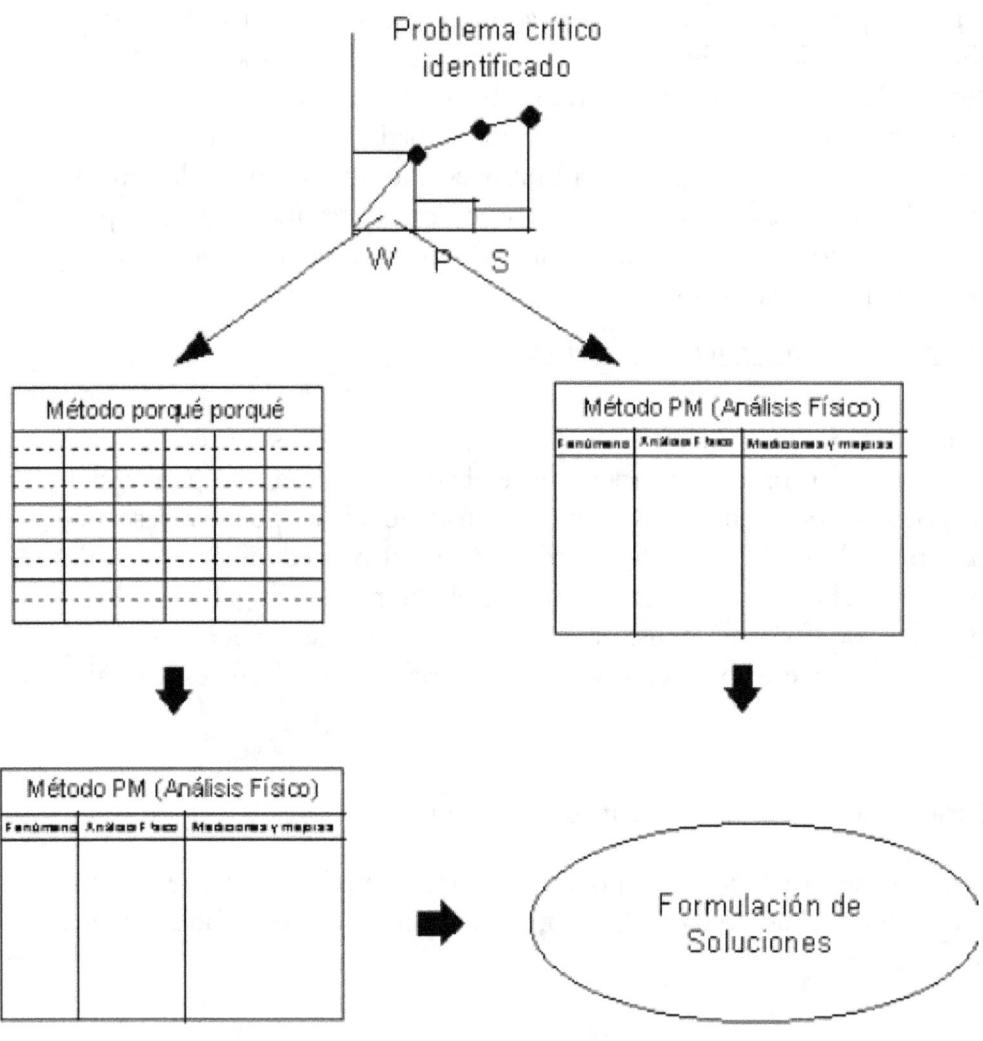

Estrategias de Mantenimiento Productivo Total

Diagnóstico en equipos avanzados o complejos

Cuando se trata de equipos nuevos, complejos o donde el deterioro acumulado es mínimo, se recomienda emplear directamente el **método PM.** En algunas empresas japonesas emplean de forma sistemática la combinación de AMFE y método PM para eliminar problemas del equipo que afectan la calidad del producto (Mantenimiento de Calidad). Este diagnóstico puede llegar a ser sofisticado y lo realizan especialmente los ingenieros de proceso y mantenimiento.

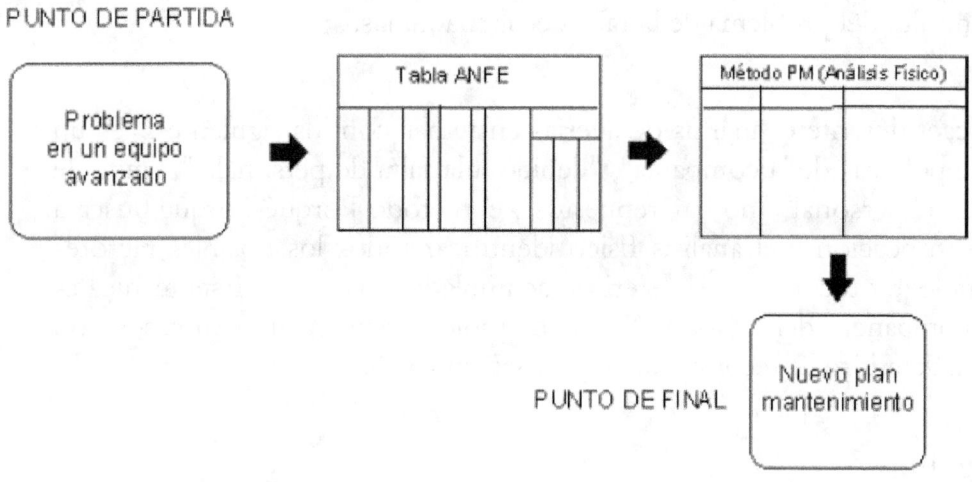

PUNTO DE PARTIDA

Tabla ANFE

Método PM (Análisis Físico)

Problema en un equipo avanzado

PUNTO DE FINAL

Nuevo plan mantenimiento

Diagnóstico de equipos complejos

Se puede concluir que cada problema puede estudiarse y diagnosticarse empleando y combinando una variedad de técnicas. Es importante tener en cuenta que se pueden llegar a *recomendar* algunas estrategias para el empleo sistemático de las técnicas de solución de problemas. Sin embargo, estas estrategias sugeridas no cubren todas las posibilidades, pero de la experiencia se puede decir que son las más frecuentes. Se podrán experimentar nuevas alternativas no estudiadas en este documento y aplicar otro tipo de técnicas de diagnóstico más sofisticadas, como la teoría del desgaste, tecnologías avanzadas de mantenimiento y estudios de lubricación, como también una técnica de reciente creación como el diseño de experimentos multivariable, minería de datos, redes neuronales y otras tecnologías complejas.

3.3   MÉTODOS DE ANÁLISIS.

3.3.1   Metodología Porqué-Porqué.

Esta técnica es conocida como: "Know-why", "conocer-porqué", "técnica porqué, porqué, porqué" o "quinto porqué". Esta técnica se emplea para realizar estudios de las causas profundas que producen averías en el equipo. El principio fundamental de esta técnica es la evaluación sistemática de las posibles causas de la avería empleando como medio la inspección detallada del equipo, teniendo presente el análisis físico del fenómeno.

En las áreas de mantenimiento se ha utilizado para la búsqueda de factores causales. Es un método alterno del conocido Diagrama de Causa Efecto o de Ishikawa. Esta técnica de calidad como se analizó previamente presenta el inconveniente de recoger un gran número de factores, pero no prioriza entre ellos cuales son los que verdaderamente contribuyen a la presencia de la avería. La técnica porqué - porqué evita en los análisis de averías de equipos que el grupo de estudio se desvíe e identifique causas cualitativas y complejas de verificar como causas potenciales del problema de la falla de las máquinas.

Para evitar caer durante el análisis de averías en temas con los siguientes: "es un problema de políticas de la compañía", "debido a la falta de personal...", "falta de capacitación del personal" "no hay repuestos", el método Porqué-Porqué busca a través de la inspección y el análisis físico identificar todos los posibles factores causales para lograr reconstruir el deterioro acumulado del equipo. Esta técnica es una buena compañera del método PM si se emplea previamente. En casos con alto grado de deterioro se recomienda este procedimiento.

Pasos a seguir:

Esta técnica estudia mediante preguntas sucesivas las causas de una avería mediante un proceso deductivo o socrático. Cada respuesta que se aporte el grupo de estudio debe confirmar o rechazar la respuesta. Si se acepta una cierta afirmación, nuevamente se pregunta cuál es la causa de la "causa".

Procedimiento para el estudio

Una vez identificado el fenómeno en estudio (avería), se realiza un análisis físico del fenómeno en igual forma como se efectuó en el método PM. De este análisis se identifican posibles factores causales, los cuales se someterán a inspección para verificar la validez de la siguiente manera:

Este proceso se continua hasta el momento en que se identifican acciones correctivas para la causa. Las acciones correctivas se registran en un plan de mejora o plan Kaizen. Se espera que el diagnóstico no requiera de más de cinco rondas. Una vez finalizado este proceso se pueden seleccionar otras causas en las diferentes rondas y se repite el procedimiento. De esta forma se analizan la totalidad de posibles factores causales, obteniendo un plan general de mejora para el equipo.

3.3.2 Metodología PM.

El análisis PM es una forma diferente de pensar sobre los problemas y del contexto donde estos se presentan. Consiste en el análisis de los fenómenos (**P** de la palabra inglesa *Phenomena)* anormales tales como fallas del equipamiento en base a sus principios físicos y poder identificar los mecanismos (**M** de la palabra inglesa Mechanisms) de estos principios físicos (**P** de la palabra inglesa Phisically) en relación con los cuatro inputs de la producción equipos: materiales, individuos y métodos).

El principio básico del análisis PM es entender en términos precisos físicos que es lo que ocurre cuando la máquina, o sistema se avería o produce defectos de calidad y la forma como ocurren. Esta es la única forma de identificar la totalidad de factores causales y de esta manera eliminar estas pérdidas. Esta técnica considera todos los posibles factores en lugar de tratar de decidir cual es el que tiene mayor influencia.

Fundamentos del análisis físico

La investigación lógica de como ocurre el fenómeno en términos de principios físicos y cantidades, se ha visto que es el fundamento de la metodología de análisis PM. Desde el punto de vista de los equipos un análisis físico significa emplear los principios operativos del equipo para clarificar la forma como los componentes interactúan y producen el problema o la avería crónica. Se pretende estudiar y conocer en primer término, la forma como se presenta la desviación de la situación natural del equipo, en lugar de pretender abordar las causas de esta desviación desde el primer momento. El objetivo fundamental de esta metodología es llegar a comprender lo mejor posible la forma como se presentó el fallo y la forma como intervinieron las diferentes piezas y conjuntos del equipo para la generación del problema.

Proceso del análisis PM

Se ha explicado que el enfoque del análisis PM consiste en estratificar los fenómenos anormales adecuadamente, entender los principios operativos y analizar los mecanismos del fenómeno desde el punto de vista físico. El siguiente paso consiste en investigar todos los factores y el grado en que ellos contribuyen al problema. Todo esto es necesario para poder eliminar estos factores a través de planes de acción y sistemas de control.

Los pasos a seguir para la aplicación del análisis PM se muestran en la Figura:

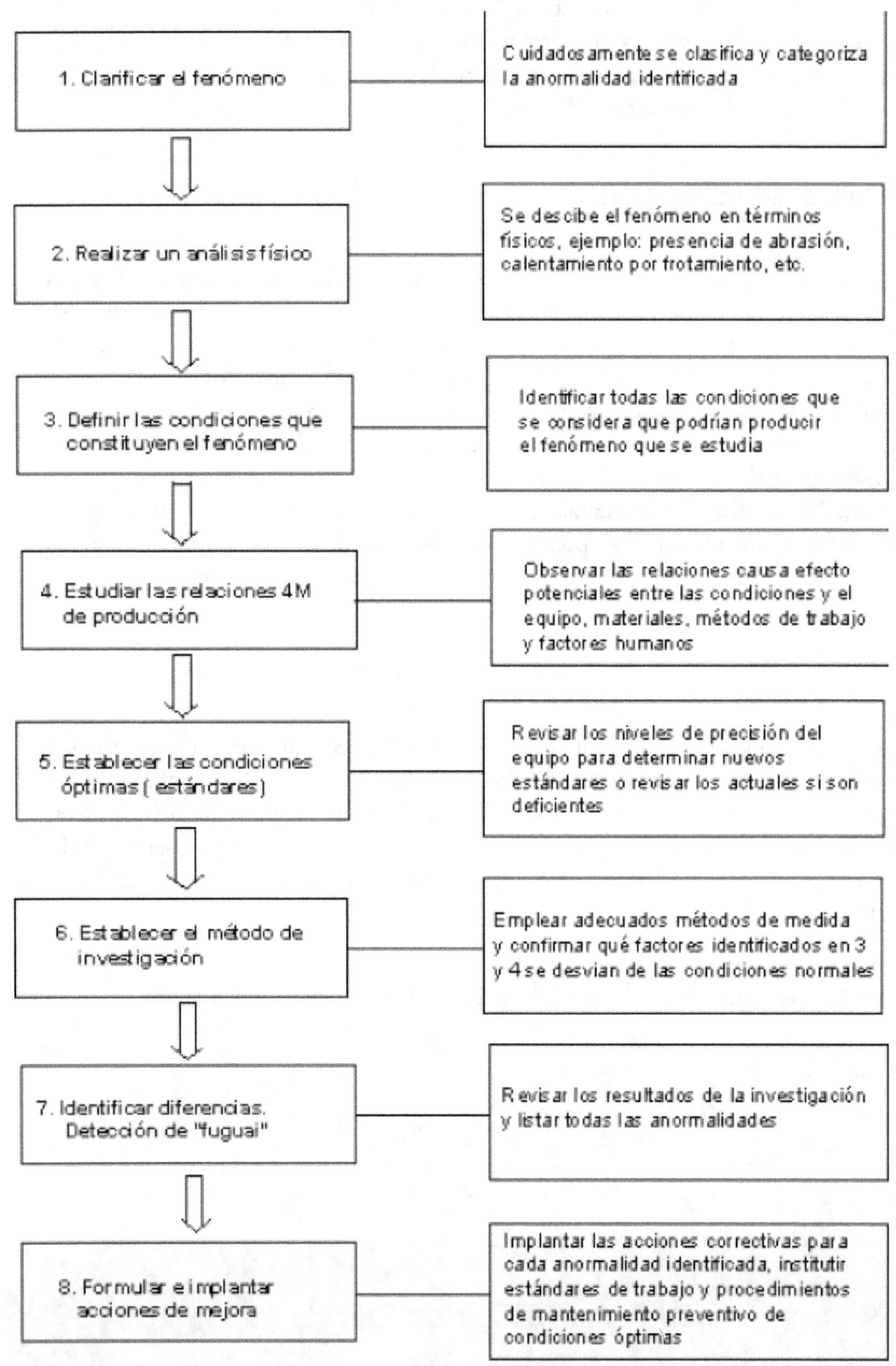

1. Clarificar el fenómeno

Cuidadosamente se clasifica y categoriza la anormalidad identificada

2. Realizar un análisis físico

Se descibe el fenómeno en términos físicos, ejemplo: presencia de abrasión, calentamiento por frotamiento, etc.

3. Definir las condiciones que constituyen el fenómeno

Identificar todas las condiciones que se considera que podrían producir el fenómeno que se estudia

4. Estudiar las relaciones 4M de producción

Observar las relaciones causa efecto potenciales entre las condiciones y el equipo, materiales, métodos de trabajo y factores humanos

5. Establecer las condiciones óptimas (estándares)

Revisar los niveles de precisión del equipo para determinar nuevos estándares o revisar los actuales si son deficientes

6. Establecer el método de investigación

Emplear adecuados métodos de medida y confirmar qué factores identificados en 3 y 4 se desvían de las condiciones normales

7. Identificar diferencias. Detección de "fuguai"

Revisar los resultados de la investigación y listar todas las anormalidades

8. Formular e implantar acciones de mejora

Implantar las acciones correctivas para cada anormalidad identificada, institutir estándares de trabajo y procedimientos de mantenimiento preventivo de condiciones óptimas

28

3.3.3 Análisis Modal De Fallos Y Efecto (AMFE) En Equipos .

Esta es una técnica de ingeniería conocida como el análisis FMEA o (Failure Mode and Effect Analysis) usada para definir, identificar y eliminar fallas conocidas o potenciales, problemas, errores, desde el diseño, proceso y operación de un sistema, antes que este pueda afectar al cliente (Omdahl 1988; ASQC 1983). El análisis de la evaluación puede tomar dos caminos: primero, empleando datos históricos y segundo, empleando modelos estadísticos, matemáticos, simulación ingeniería concurrente e ingeniería de fiabilidad que puede ser empleada para identificar y definir las fallas (Stamatis 1989). No significa que un modelo sea superior a otro. Ambos pueden ser eficientes, precisos y correctos si se realizan adecuadamente. Para efectos de este libro no se estudiará el segundo camino, ya que se pretende ofrecer una serie de metodologías que sean útiles para todas las personas de una empresa; mientras que las técnicas especializadas poseen algunos fundamentos matemáticos tediosos y su empleo queda restringido a aquellas personas que poseen buenas bases de estadística avanzada.

El AMFE es una de las más importantes técnicas para prevenir situaciones anormales, ya sea en el diseño, operación o servicio. Esta técnica parte del supuesto que se va a realizar un trabajo preventivo para evitar la avería, mientras que las técnicas estudiadas hasta el momento, se orientan a evaluar la situación anormal ya ocurrida. Este es el factor diferencial del proceso AMFE. Esta técnica nació en el dominio de la ingeniería de fiabilidad y se ha aplicado especialmente para la evaluación de diseños de productos nuevos.

El AMFE se ha introducido en las actividades de mantenimiento industrial gracias al desarrollo del Mantenimiento Centrado en la Fiabilidad o RCM -Reliability Center Maintenance- que lo utiliza como una de sus herramientas básicas. En un principio se aplicó en el mantenimiento en el sector de aviación (Plan de mantenimiento en el Jumbo 747) y debido a su éxito, se difundió en el mantenimiento de plantas térmicas y centrales eléctricas. Hoy en día, el AMFE se utiliza en numerosos sectores industriales y se ha asumido como una herramienta clave en varios de los pilares del Mantenimiento Productivo Total (TPM).

Los Propósitos del AMFE son:

- Identificar los modos de fallas potenciales y conocidas

- Identificar las causas y efectos de cada modo de falla

Priorizar los modos de falla identificados de acuerdo al número de prioridad de riesgo (NPR) o - frecuencia de ocurrencia, gravedad y grado de facilidad para su detección.

El fundamento de la metodología es la identificación y prevención de las averías que conocemos (se han presentado en el pasado) o potenciales (no se han presentado hasta la fecha) que se pueden producir en un equipo. Para lograrlo es necesario partir de la siguiente hipótesis:

Dentro de un grupo de problemas, es posible realizar una priorización de ellos

Existen tres criterios que permiten definir la prioridad de las averías:

- Ocurrencia (O)
- Severidad (S)
- Detección (D)

La ocurrencia es la frecuencia de la avería. La severidad es el grado de efecto o impacto de la avería. Detección es la grado de facilidad para su identificación. Existen diferentes formas de evaluar estos componentes. La forma más usual es el empleo de escalas numéricas llamadas criterios de riesgo. Los criterios pueden ser cuantitativos y/o cualitativos. Sin embargo, los más específicos y utilizados son los cuantitativos. El valor más común en las empresas es la escala de 1 a 10. Esta escala es fácil de interpretar y precisa para evaluar los criterios. El valor inferior de la escala se asigna a la menor probabilidad de ocurrencia, menos grave o severo y más fácil de identificar la avería cuando esta se presente. En igual forma un valor de 10 de asignará a las averías de mayor frecuencia de aparición, muy grave donde de por medio está la vida de una persona y existe una gran dificultad para su identificación.

La prioridad del problema o avería para nuestro caso, se obtiene a través del índice conocido como Número Prioritario de Riesgo (NPR). Este número es el producto de los valores de ocurrencia, severidad y detección. El valor NPR no tiene ningún sentido (Ford 1992) Simplemente sirve para clasificar en un orden cada unos de los modos de falla que existen en un sistema. Una vez el NPR se ha determinado, se inicia la evaluación sobre la base de definición de riesgo. Usualmente este riesgo es definido por el equipo que realiza el estudio, teniendo como referencia criterios como: menor, moderado, alto y crítico. En el mundo del automóvil (Ford 1992) se ha interpretado de la siguiente forma el criterio de riesgo:

- Debajo de un riesgo menor, no se toma acción alguna
- Debajo de un riesgo moderado, alguna acción se debe tomar
- Debajo de un alto riesgo, acciones específicas se deben tomar. Se realiza una evaluación selectiva para implantar mejoras específicas.
- Debajo de un riesgo crítico, se deben realizar cambios significativos del sistema. Modificaciones en el diseño y mejora de la fiabilidad de cada uno de los componentes.

3.4   MÉTODOS DE CALIDAD.

3.4.1   QC Story O Ruta De La Calidad.

El modelo de análisis procedente del campo de la calidad, es reconocido como QC Story, Historia de Calidad o Ruta de la Calidad. Este es muy familiar dentro de las empresas industriales debido a sus reconocidas siete herramientas: diagrama de Pareto, diagrama de Causa y Efecto, histogramas, estratificación de información, hojas de chequeo o verificación, diagrama de dispersión y gráficos de control. Este tipo de técnicas han sido ampliamente utilizadas en las empresas, especialmente en aquellas situaciones donde se presentan problemas de defectos, pérdidas de producto final por incumplimiento de especificaciones o situaciones anormales en procesos productivos.

Esta metodología es potente para la reducción drástica de las pérdidas crónicas, especialmente cuando estas son altas. Sin embargo, es frecuente encontrar que estos buenos resultados se deben a la eliminación de las pérdidas esporádicas, pérdidas estas que no son habituales pero que pueden tener un alto impacto en un cierto tiempo, manteniéndose sin resolver las pérdidas crónicas. Con las metodologías de calidad es posible lograr una disminución de hasta un ochenta por ciento las pérdidas crónicas; sin embargo, cuando se pretende reducir el veinte por ciento restante, es necesario recurrir a las técnicas especializadas de mantenimiento.

El enfoque de calidad emplea como principio fundamental la estratificación de información a través de la construcción de múltiples Gráficos de Pareto para identificar los factores de mayor aporte. El plan de mejora se realiza sobre la base de eliminar los factores prioritarios identificados a través de la práctica del principio de Pareto. Los factores que permanecen o de menor aporte, se consideran como poco críticos y en algunas oportunidades se descuidan debido a su poca importancia.

El diagnóstico de problemas en el modelo de calidad se realiza a través del conocido Diagrama de Causa y Efecto o espina de pescado. Este diagrama permite recoger en un solo gráfico y clasificados por categorías los posibles factores causales de la avería. Este tipo de técnica es valiosa por su simplicidad, ya que requiere de una tormenta de ideas dirigida hacia las categorías del diagrama: factor humano, equipos, materias primas y método de trabajo. La dificultad puede consistir en poder identificar en el diagrama los factores más significativos o de mayor aporte al problema. Para obtener una conclusión del diagrama de Causa y Efecto se requiere de gran experiencia y conocimiento profundo del equipo.

Cuando se pretende llegar a los niveles mínimos de pérdida, el diagrama de Causa y Efecto no es lo suficientemente potente debido a que quedan algunas posibles causas "triviales" sin solución. Para su eliminación se debe acudir a metodologías complementarias nacidas en el Mantenimiento Productivo Total como son el Método PM y la técnica Porqué-Porqué para identificar y estudiar la mayor cantidad de causas raíces que pueden producir la avería que se estudia.

Pasos a seguir en la metodología de calidad para el análisis de averías

Esta metodología emplea los siguientes ocho pasos para la solución del problema:

Paso 1. Identificación del problema.

En este primer paso se analiza la información disponible de las averías pasadas y la forma como se presentó la nueva falla. Mediante el empleo de la estratificación de información se puede llegar a identificar correctamente el problema.

Paso 2. Observación.

En este segundo paso se comprende la forma como se presentó la avería y las condiciones del medio presentes en el momento de la avería. Un buen juicio ayudará a descartar factores causales. Para este fin se puede tomar información cualitativa empleando un diagrama de afinidad y posteriormente priorizar sus títulos haciendo uso de un diagrama de relaciones.

Paso 3. Análisis y diagnóstico de causas.

Existen dos alternativas de diagnóstico:

- Construir un diagrama de Causa y Efecto para recoger los posibles factores que han desencadenado la avería.
- Construir diagramas de afinidad y relaciones para priorizar las posibles causas

Paso 4. Definir plan de acción.

Se establecen las medidas correctivas para eliminar los factores causales que se han considerado que son los más críticos. Estos son seleccionados por el grupo de estudio con criterios de experiencia y un cierto análisis lógico. Se planifican las acciones correctivas y se prepara el programa de implantación.

Paso 5 Implantar las acciones correctivas.

Definido el programa se preparan los tableros de control visual de planta y se inicia el proceso de implantación de acuerdo al plan

Paso 6. Verificación.

Se observa el comportamiento de los equipos intervenidos con el objeto de evaluar la efectividad de la acción. Se emplea un tablero MTBF u otro tablero de control visual para realizar el seguimiento de las acciones correctivas introducidas.

Paso 7. Estandarización.

Las acciones correctivas se deben estandarizar para asegurar que la avería no se repetirá permanentemente. Si no se establecen los estándares y se aplican, pronto se retornará a las prácticas antiguas y esto hará que se repita el problema. Estos estándares se deben emplear para asegurar que las acciones correctivas se van a mantener correctamente implantadas y no se retorna a la situación inicial. Una de las herramientas más utilizadas para estandarizar los trabajos de rutina es la difundida técnica de MPT conocida como "Lecciones sobre un Punto" que se estudiará en el siguiente capítulo.

Paso 8. Conclusión.

Se realiza una revisión de la forma como se ha actuado y el conocimiento adquirido con esta experiencia. Las conclusiones obtenidas servirán para replanificar nuevos trabajos o mejorar las acciones tomadas hasta el momento. Preparación del informe "Informe de acción para evitar repetición". Este documento permite consignar el trabajo realizado en una página y garantizar que el conocimiento queda correctamente consignado por escrito y se podrá emplear en otras situaciones similares.

3.4.2 Estratificación De La Información.

Esta es quizás la técnica más importante en el análisis de un problema y en especial cuando se trata de problemas crónicos. La estratificación consiste en buscar "más información a la información", es como el detective que necesita buscar los indicios o pruebas (a partir de datos). Hay que escudriñar los datos para lograr solucionar el problema en forma definitiva.

Es un método de análisis de los datos que permite clasificarlos teniendo en cuenta algunos factores que pueden afectarlos. Por lo general los factores que permite clasificar la información son de tipo cualitativo como: tipo de producto, materias primas, operario, cliente, proveedor, procedencia, etc. La estratificación permite encontrar causas no tenidas en cuenta u ocultas en el proceso o en el estudio de un problema.

El proceso seguido en la estratificación se apoya en la construcción de varios diagramas de Pareto siguiendo diferentes criterios de clasificación; por ejemplo, clasificar las averías por tipo de turno, producto, materias primas, puede conducir a conclusiones que no se esperaban; es posible que un cierto día de la semana sea el más propicio para la presencia de averías. Existen ciertas averías que se presentan con mayor frecuencia en una determinada referencia de producto. El automatismo de empaque falla con más frecuencia con cierto proveedor de cajas de cartón, etc.

La estratificación ayuda a identificar el problema de una planta o equipo, ya que facilita la concentración en aquellas causas que son las de mayor impacto. Por este motivo, se recomienda emplear el principio de Pareto para identificar los factores que contribuyen a incrementar la frecuencia de la avería o su duración.

La siguiente lista presenta los criterios más frecuentes empleados para la realización de la estratificación de la información de averías. Esta lista no pretende ser exhaustiva.

- Tipo de máquina. Si la empresa posee diferentes marcas de equipos, es seguro que se puede realizar una clasificación tipo Pareto sobre la marca que más averías presenta.

- Sitio donde se encuentra la máquina. En ciertos lugares de la planta afectan el funcionamiento de los equipos, por ejemplo, calor, contaminación, humedad, polvo, etc.

- Tipo de materias primas. Si el equipo procesa diferentes tipos de materias primas, cierta clase de ellas producen más problemas a los elementos internos que otras.

- Día de la semana. Determinados días son más propensos a presentar averías por diversos motivos. El inicio de la operación, el primer día de la semana, fin de semana o la proximidad a eventos especiales.

- Hora del día. Es frecuente que los equipos experimenten dificultades adicionales en ciertas horas del día. Ciertos controles no trabajan adecuadamente durante la noche en zonas donde la temperatura ambiente desciende apreciablemente.

- Operario. Algunas estadísticas tomadas de empresas que fabrican

productos de consumo indican que aproximadamente el 65 % de las
órdenes de trabajo que llegan a mantenimiento se deben a mala
operación del equipo. Podríamos identificar con una estratificación
cuál es el operario que más problemas tiene para operar correctamente
el equipo y ayudarlo a mejorar su método de trabajo.

- Tipo de producto o referencia de este. En un cierto proceso de
  envasado de producto en botellas se presentan un número mayor de
  averías con cierto tamaño o presentación del producto. La estratificación
  nos ayudará a identificar el tipo de producto más crítico, para
  posteriormente buscar sus causas.

- Zonas del equipo. En determinadas zonas del equipo se pueden
  encontrar concentrados los problemas Por ejemplo, la ubicación de
  escapes en un reactor de un cierto producto químico. Al estratificar la
  ubicación se encontrará que existe una clase de escape que se presenta
  con mayor frecuencia.

3.4.3   Diagrama De Pareto.

Frecuentemente el personal técnico de mantenimiento y producción debe
enfrentase a problemas que tienen varias causas o son la suma de varios
problemas. El Diagrama de Pareto permite seleccionar por orden de
importancia y magnitud, la causa o problemas que se deben investigar hasta
llegar a conclusiones que permitan eliminarlos de raíz.

La mayoría de los problema son producidos por un número pequeño de
causas, y estas son las que interesan descubrir y eliminar para lograr un gran
efecto de mejora. A estas pocas causas que son las responsables de la mayor
parte del problema se les conoce como **causas vitales.** Las causas que no
aportan en magnitud o en valor al problema, se les conoce como las **causas
triviales.**

Las causas triviales aunque no aporten un valor a la mejora, no significa que
se deban dejar de lado o descuidarlas. Se trata de ir eliminando en forma
progresiva las causas vitales. Una vez eliminadas estas, es posible que las
causas triviales se lleguen a transformar en vitales.

El Diagrama de Pareto es un instrumento que permite graficar por orden de
importancia, el grado de contribución de las causas que estamos analizando o el
conjunto de problemas que queremos estudiar. Se trata de clasificar los problemas
y/o causas en vitales y triviales. Para construir el diagrama de Pareto se pueden
seguir los siguientes pasos:

Paso 1

En el primer paso se decide la clase de problema que será investigado. Se define el cubrimiento del análisis, si se realiza a una máquina completa, una línea o un sistema de cierto equipo. Se decide que datos serán necesarios y la forma de como clasificarlos. Este punto es fundamental, ya que se pretende preparar la información para facilitar su estratificación posterior.

Paso 2

Preparar una hoja de recogida de datos. Si la empresa posee un programa informático para la gestión de los datos, se preparará un plan para realizar las búsquedas (sort) y la clasificación de la información que se desea. Es en este punto cuando se puede realizar la estratificación de la información sugerida anteriormente.

Paso 3

Clasificar en orden de magnitud la información obtenida. Se recomienda indicar con letras (A,B,C,...) los temas que se han ordenado.

Paso 4

Dibujar dos ejes verticales (izquierdo y derecho) y otro horizontal.

(1) Eje vertical.

- En el eje vertical a la izquierda se marca una escala desde 0 hasta el total acumulado.

- En el eje vertical de la derecha se marca una escala desde 0 hasta 100%

(2) Eje horizontal.

Se divide este eje en un número de intervalos de acuerdo al número de clasificaciones que se pretende realizar. Es allí donde se escribirá el tipo de avería que se ha presentado en el equipo que se estudia.

Paso 5

Construir el diagrama de barras.

Paso 6

Marcar con un punto los porcentajes acumulados y unir comenzando desde cero cada uno de estos puntos con líneas rectas obteniendo como resultado la curva acumulada. A esta curva se le conoce como la curva de Lorentz.

Paso 7

Escribir notas de información del diagrama como título, unidades, nombre de la persona que elaboró el diagrama, período comprendido y número total del datos.

Un diagrama de Pareto es el primer paso para eliminar las averías importantes del equipo. En todo estudio los siguientes aspectos se deben tener en cuenta:

- Toda persona involucrada deberá colaborar activamente
- Concentrarse en la variable que mayor impacto produzca en la mejora.
- Establecer una meta para la mejora

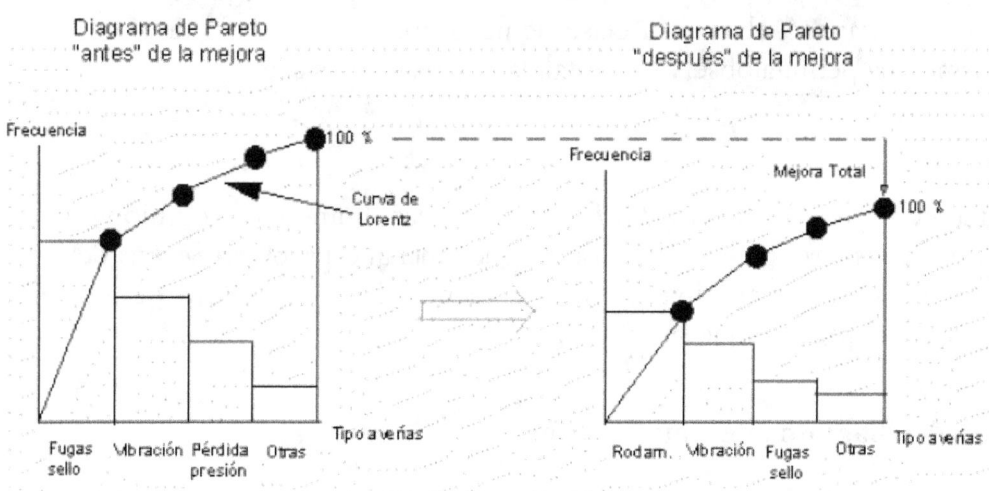

Con la cooperación de todos se podrán obtener excelentes resultados. Uno de los objetivos del Diagrama de Pareto es el de mostrar a todas las personas las áreas prioritarias en que se deben concentrar todas las actividades y el esfuerzo del equipo.

El Diagrama de Pareto presenta claramente la magnitud relativa de los problemas y suministra a los técnicos una base de conocimiento común sobre la cual trabajar. Una sola mirada vasta para detectar cuales son las barras del diagrama que componen el mayor porcentaje de los problemas. La experiencia demuestra que es más fácil reducir a la mitad una barra alta que reducir una barra de reducida altura a cero.

3.4.4   Diagrama De Causa-Efecto (ISHIKAWA).

Cuando se ha identificado el problema a estudiar, es necesario buscar las causas que producen la situación anormal. Cualquier problema por complejo que sea, es producido por factores que pueden contribuir en una mayor o menor proporción. Estos factores pueden estar relacionados entre sí y con el efecto que se estudia. El Diagrama de Causa y Efecto es un instrumento eficaz para el análisis de las diferentes causas que ocasionan el problema. Su ventaja consiste en el poder visualizar las diferentes cadenas Causa y Efecto, que pueden estar presentes en un problema, facilitando los estudios posteriores de evaluación del grado de aporte de cada una de estas causas.

Cuando se estudian problemas de fallos en equipos, estas pueden ser atribuidos a múltiples factores. Cada uno de ellos puede contribuir positiva o negativamente al resultado. Sin embargo, algún de estos factores pueden contribuir en mayor proporción, siendo necesario recoger la mayor cantidad de causas para comprobar el grado de aporte de cada uno e identificar los que afectan en mayor proporción. Para resolver esta clase de problemas, es necesario disponer de un mecanismo que permita observar la totalidad de relaciones causa-efecto.

Un Diagrama de Causa y Efecto facilita recoger las numerosas opiniones expresadas por el equipo sobre las posibles causas que generan el problema Se trata de una técnica que estimula la participación e incrementa el conocimiento de los participantes sobre el proceso que se estudia.

Construcción del diagrama de Causa y Efecto.

Esta técnica fue desarrollada por el Doctor Kaoru Ishikawa en 1953 cuando se encontraba trabajando con un grupo de ingenieros de la firma Kawasaki Steel Works. El resumen del trabajo lo presentó en un primer diagrama, al que le dio el nombre de Diagrama de Causa y Efecto. Su aplicación se incrementó y llegó a ser muy popular a través de la revista Gemba To QC (Control de Calidad para Supervisores) publicada por la Unión de Científicos e Ingenieros Japoneses (JUSE). Debido a su forma se le conoce como el diagrama de Espina de Pescado. El reconocido experto en calidad Dr. J.M. Juran publicó en su conocido Manual de Control de Calidad esta técnica, dándole el nombre de Diagrama de Ishikawa.

El Diagrama de Causa y Efecto es un gráfico con la siguiente información:

- El problema que se pretende diagnosticar
- Las causas que posiblemente producen la situación que se estudia.
- Un eje horizontal conocido como espina central o línea principal.
- El tema central que se estudia se ubica en uno de los extremos del eje horizontal. Este tema se sugiere encerrarse con un rectángulo. Es frecuente que este rectángulo se dibuje en el extremo derecho de la espina central.
- Líneas o flechas inclinadas que llegan al eje principal. Estas representan los grupos de causas primarias en que se clasifican las posibles causas del problema en estudio.
- A las flechas inclinadas o de causas primarias llegan otras de menor tamaño que representan las causas que afectan a cada una de las causas primarias. Estas se conocen como causas secundarias.

El Diagrama de Causa y Efecto debe llevar información complementaria que lo identifique. La información que se registra con mayor frecuencia es la siguiente: título, fecha de realización, área de la empresa e integrantes.

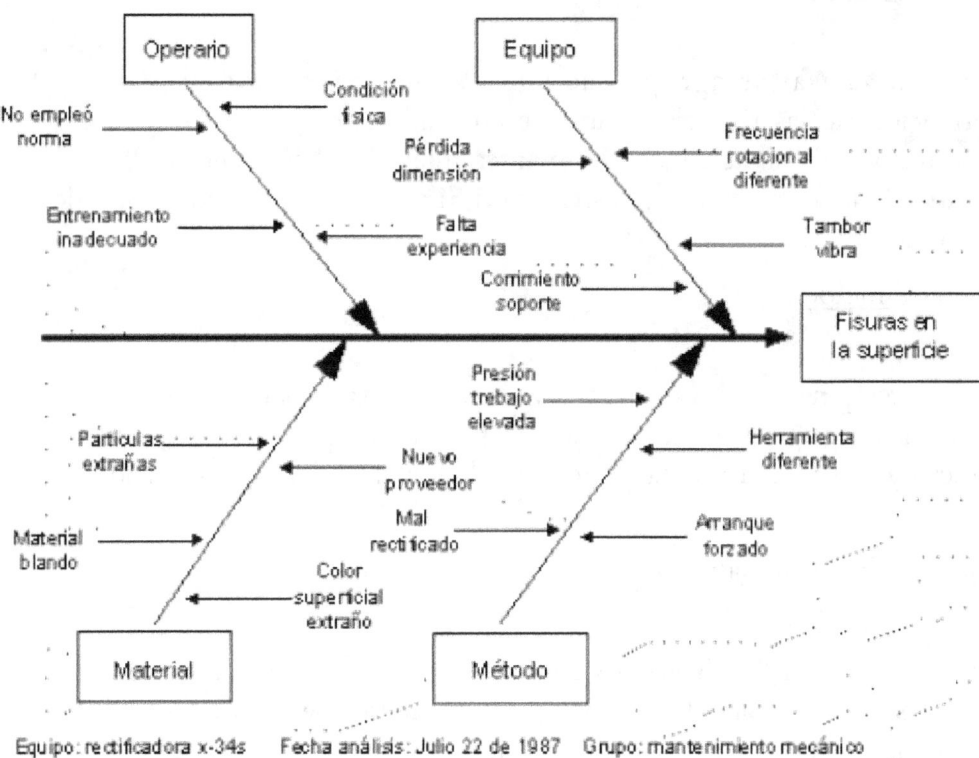

Equipo: rectificadora x-34s   Fecha análisis: Julio 22 de 1987   Grupo: mantenimiento mecánico

Buena parte del éxito en la solución de un problema está en la correcta elaboración del Diagrama de Causa y Efecto. Cuando un equipo trabaja en el diagnóstico de un problema y se encuentra en la fase de búsqueda de las causas, seguramente ya cuenta con un Diagrama de Pareto. Este diagrama ha sido construido por el equipo para identificar las diferentes características prioritarias que se van a considerar en

39

el estudio de causa-efecto. Este es el punto de partida en la construcción del diagrama de Causa y Efecto.

Para una correcta construcción del Diagrama de Causa y Efecto se recomienda seguir un proceso ordenado, con la participación del mayor número de personas involucradas en el tema de estudio.

El Doctor Kaoru Ishikawa sugiere la siguiente clasificación para las causas primarias. Esta clasificación es la más ampliamente difundida y se emplea preferiblemente para analizar problemas de procesos y averías de equipos; pero pueden existir otras alternativas para clasificar las causas principales, dependiendo de las características del problema que se estudia.

Causas debidas a la materia prima

Se tienen en cuenta las causas que generan el problema desde el punto de vista de las materias primas empleadas para la elaboración de un producto. Por ejemplo: causas debidas a la variación del contenido mineral, pH, tipo de materia prima, proveedor, empaque, transporte etc. Estos factores causales pueden hacer que se presente con mayor severidad una falla en un equipo.

Causas debidas a los equipos

En esta clase de causas se agrupan aquellas relacionadas con el proceso de transformación de las materias primas como las máquinas y herramientas empleadas, efecto de las acciones de mantenimiento, obsolescencia de los equipos, cantidad de herramientas, distribución física de estos, problemas de operación, eficiencia, etc.

Causas debidas al método

Se registran en esta espina las causas relacionadas con la forma de operar el equipo y el método de trabajo. Son numerosas las averías producidas por estrelladas de los equipos, deficiente operación y falta de respeto de los estándares de capacidades máximas.

Causas debidas al factor humano

En este grupo se incluyen los factores que pueden generar el problema desde el punto de vista del factor humano. Por ejemplo, falta de experiencia del personal, salario, grado de entrenamiento, creatividad, motivación, pericia, habilidad, estado de ánimo, etc.

Debido a que no en todos los problemas se pueden aplicar las anteriores clases, se sugiere buscar otras alternativas para identificar los grupos de causas principales. De la experiencia se ha visto frecuentemente la necesidad de adicionar las siguientes causas primarias:

Causas debidas al entorno.

Se incluyen en este grupo aquellas causas que pueden venir de factores externos como contaminación, temperatura del medio ambiente, altura de la ciudad, humedad, ambiente laboral, etc.

Causas debidas a las mediciones y metrología.

Frecuentemente en los procesos industriales los problemas de los sistemas de medición pueden ocasionar pérdidas importantes en la eficiencia de una planta. Es recomendable crear un nuevo grupo de causas primarias para poder recoger las causas relacionadas con este campo de la técnica. Por ejemplo: descalibraciones en equipos, fallas en instrumentos de medida, errores en lecturas, deficiencias en los sistemas de comunicación de los sensores, fallas en los circuitos amplificadores, etc.

El animador de la reunión es el encargado de registrar las ideas aportadas por los participantes. Es importante que el equipo defina la espina primaria en que se debe registrar la idea aportada. Si se presenta discusión, es necesario llegar a un acuerdo sobre donde registrar la idea. En situaciones en las que es difícil llegar a un acuerdo y para mejorar la comprensión del problema, se pueden registrar una misma idea en dos espinas principales. Sin embargo, se debe dejar esta posibilidad solamente para casos extremos.

3.4.5 Diagrama CEDAC (causa-efecto con adición de cartas).

El sistema CEDAC (Cause Effect Diagram with Addition of Cards - Diagrama de Causa Efecto con Adición de Cartas), fue desarrollado por Ruiji Fukuda de la empresa Sumitomo, a quien el comité del premio Deming le otorgó el premio Nikkei por el desarrollo de este procedimiento. El CEDAC en un principio tiene similitud a el diagrama Causa y Efecto. Sin embargo, este diagrama opera sobre una dimensión superior, ya que no solamente describe cuales son las causas de la situación que se estudia, sino que reúne en un solo gráfico las causas y la magnitud de la contribución de estas causas. El CEDAC posee dos partes:

- Área de causas del problema que se estudia

- Área de gráficos de efectos

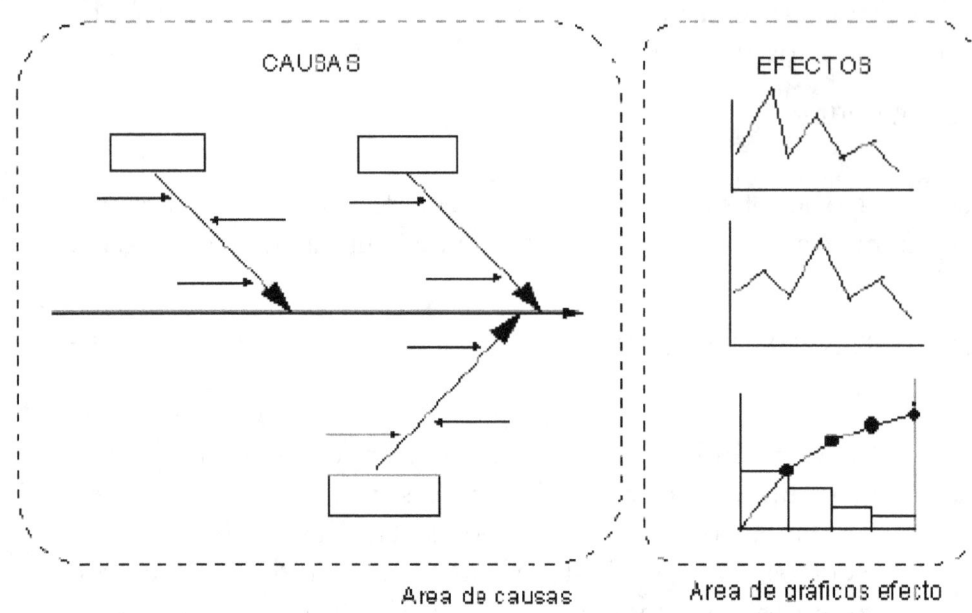

CAUSAS   EFECTOS

Area de causas   Area de gráficos efecto

En la parte derecha del diagrama Causa y Efecto se encuentra un espacio para graficar el comportamiento de la situación que se analiza, allí se pueden graficar estadísticas, gráficos, diagramas de Pareto, etc. Estos gráficos mostrarán la forma como evoluciona el tema en estudio cuando se toman acciones sobre las causas.

En la parte izquierda del diagrama se registra "todo lo que sabemos y no sabemos sobre el problema" con el objeto de probar a través de la experiencia si cada factor contribuye o no. El efecto positivo o negativo de haber actuado sobre una causa se aprecia en los gráficos del extremo derecho del esquema.

La filosofía de esta técnica es diferente al diagrama de Causa y Efecto. Esta técnica, aunque emplea el tradicional diagrama de espina de pescado, pretende explorar o buscar tanto factores favorables como desfavorables, logrando identificar mediante el principio de prueba y error, las causas que más contribuye al problema que se estudia.

El CEDAC es un verdadero instrumento de gestión de conocimiento a través de la experimentación. Permite la formulación de hipótesis sobre factores que generan el problema y posteriormente, durante el trabajo diario, se verifica si la causa que se ha seleccionado contribuye o no al problema, o sea, se prueba la hipótesis. Esta forma de trabajo experimental contribuye a la acumulación de conocimiento ya que el trabajador puede evaluar directamente en la planta si sus creencias o si sus puntos de vista son válidos.

El CEDAC es un instrumento en el que cualquier persona puede aportar en tarjetas pequeñas sus opiniones y en cualquier momento. Existe un tablero expuesto permanentemente en la planta, donde se recogen estos aportes para su posterior evaluación. Esta forma de trabajo evita esperar hasta la convocatoria de una reunión para que la persona pueda exponer sus inquietudes. Adicionalmente, no se siente la presión de la reunión, se puedan expresar las ideas de una manera informal y en el momento en que se le ocurra al empleado.

El CEDAC facilita la participación y atrae la atención de todas las personas. Estimula y recoge el conocimiento de todas los involucrados. El resultado de los análisis es práctico y reduce las ideas generales que frecuentemente se aportan en el diagrama Causa y Efecto tradicional. Permite realizar inspección directa si la causa aportada tiene o no impacto en el efecto o en el gráfico del extremo derecho del diagrama. El CEDAC favorece la integración entre el proceso de análisis y la acción. Este es posiblemente el punto más útil del CEDAC en la dirección de planta, ya que permite gestionar las actividades en forma diaria evaluando el progreso en tiempo real .

El empleo de tarjetas facilita la clasificación de las aportes y la revisión de las ideas. Se puede corregir una idea con una nueva tarjeta que se pega sobre la anterior si nuestro parecer ha cambiado; esto hace del CEDAC un instrumento dinámico, que ante otras técnicas, lo pueden hacer superior para el análisis de problemas complejos. El CEDAC estimula la investigación tanto de problemas como de situaciones deseables. Con esta clase de información y el análisis sistemático de los hechos, se puede conocer con mayor profundidad los procesos que producen las averías.

Ruiji Fukuda creador del método CEDAC sugiere los siguientes pasos para su utilización efectiva:

Paso 1. Definir el tema que se va a diagnosticar

Seleccionar el problema que se desea eliminar y especificar un objetivo a alcanzar. *Paso 2. Preparar el tablero CEDAC*

Escribir "todo" el conocimiento posible que tenemos sobre el proceso que se investiga sobre un diagrama. Se puede construir un diagrama de espina de pescado. Sin embargo Fukuda no restringe la posibilidad de utilizar un esquema del equipo, plano, dibujo o fotografía del equipo o componente sobre el que se trazarán las flechas de posibles factores causales del problema. Esto lo hace muy práctico, ya que al emplear esquemas o diagramas de la máquina, el grupo de análisis aprende más sobre el equipo y puede aportar ideas más específicas y detalladas sobre la causa del problema.

Este tipo de trabajo exige un entrenamiento previo para leer el plano o diagrama del equipo. Algunas empresas utilizan los esquemas del equipo por tipo de sistema: hidráulico, lubricación, térmico, eléctrico, etc., con el fin de estudiar las averías muy en detalle por clase de sistema.

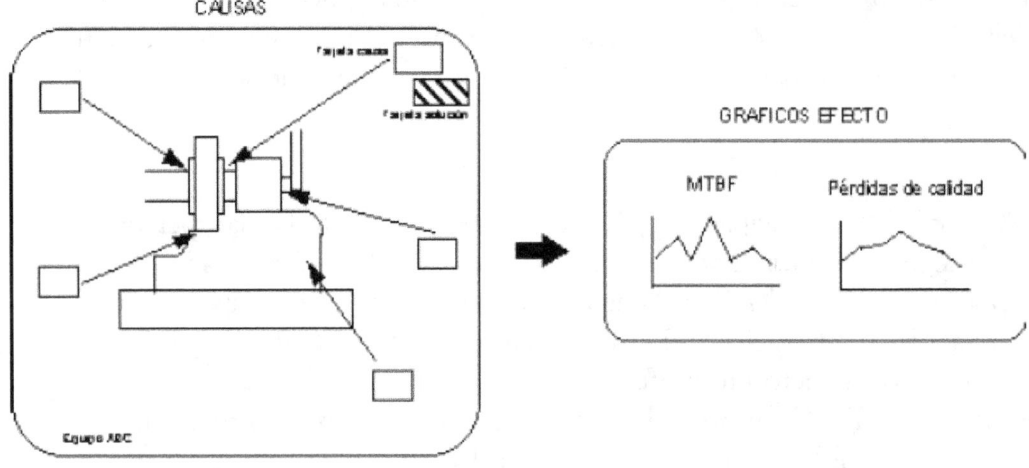

Diagrama CEDAC para el análisis de averías de equipo

Sobre el tablero CEDAC se escriben en tarjetas pequeñas cada uno de los conocimientos que se posee o no sobre las posibles causas del problema. A partir de esta información tanto los operadores, como los técnicos de la planta, seleccionan la información necesaria para clasificarla en el diagrama CEDAC.

Paso 3. Comunicación del diagrama CEDAC

Ubicar el diagrama en un sitio visible de la planta donde las personas lo puedan observar. El Propósito es el mostrar a todas las personas las causas y los efectos de las acciones que se tomen, como también, recoger la mayor cantidad de nuevas ideas de personas que no necesariamente están trabajando en el equipo de diagnostico. El CEDAC es un instrumento formidable de gestión visual, ya que permanentemente se muestran a todos los empleados los efectos de las acciones tomadas y las causas potenciales estudiadas.

Paso 4. Evaluar el progreso de las acciones

Se investigan las causas a través de reuniones, revisando la evolución de los resultados, por este motivo es útil incorporar al Diagrama CEDAC gráficos para las diferentes medidas que muestran que el problema se encuentra en proceso de eliminación total. Los gráficos más empleados en los diagramas CEDAC son:

- Gráficos de valores MTBF
- Gráficos de control de características de calidad
- Gráficos de Efectividad Global de Equipo (EGP)
- Gráficos de incrementos de disponibilidad
- Número total de paradas y otros.

Se seleccionan las mejoras técnicas y se prepara una tarjeta con la solución. Esta tarjeta se ubica junto a la causa que se estudia. En algunas empresas emplean tarjetas de dos colores: el color amarillo para registrar las posibles causas del problema que se estudia y tarjeta de color rojo para indicar las acciones correctivas que se sugieren. Este diagrama facilita el registro de las mejoras históricas realizadas y las acciones tomadas anteriormente, lo mismo que los efectos de cada mejora.

Al participar un mayor número de personas y con el método de registro de información, Fukuda considera que es más fácil descubrir aquellas causas que desconocemos y se eliminan sobre la base de mejoras paso a paso y progresivas.

Beneficios.

La técnica CEDAC es un instrumento simple pero poderoso para realizar diagnósticos de problemas, en especial para aquellas averías crónicas y complejas de los equipos. Se fundamenta en la teoría de la comunicación, en especial en los trabajos de Joseph Luft y Harry Ingram quienes crearon la conocida ventana de "Joharry" que busca incrementar el conocimiento de un objeto a partir del proceso de compartir información dentro de un grupo de individuos. El principio de la ventana de Joharry es el siguiente: *Yo se algo que tu no conoces y tu conoces algo que Yo no conozco,* permite incrementar el saber necesario para la solución eficiente de un problema en equipo.

Esta técnica permite llevar el problema al sitio de trabajo y lograr la mayor participación del personal involucrado en la búsqueda de las causas y soluciones. El CEDAC traerá beneficios de motivación del personal al poder comprender claramente lo que sucede en los equipos. Esta comprensión mayor de los procesos conduce a una mayor responsabilidad por el cuidado de los equipos. R. Fukuda sugiere emplear esta técnica como base para la implantación del TPM en plantas industriales, especialmente para identificar las deficiencias de conocimiento y formular el plan de entrenamiento futuro.

Esta técnica complementada con los instrumentos estudiados en este capítulo, pueden brindarle muy buenos resultados, tanto en la mejora del conocimiento, como de en el incremento de la confiabilidad y disponibilidad de los equipos.

3.4.6   Ciclo DEMING O Ciclo PHVA. (Planificar – Hacer – Verificar – Actuar)

La piedra angular de la DPP es el ciclo PHVA (Planificar, Hacer o Ejecutar, Verificar y Actuar). Este ciclo refleja un mecanismo de evolución para la mejora continua. La planificación es simplemente la determinación de la secuencia de actividades necesarias para alcanzar los resultados deseados. Hacer es el acto de implantación del plan. Las actividades de planificación y ejecución nos son muy familiares. Cuando al implantar el plan no alcanzamos los resultados, algunas veces regresamos a nuestra "mesa de diseño" y tomamos una nueva hoja en blanco, descartando el plan que presenta fallos. Este es el proceso común en un ciclo que no es el PHVA.

Bajo el ciclo Deming no tomamos una nueva hoja en blanco; en lugar de esto verificamos los resultados de lo que hemos ejecutado para determinar la diferencia con el resultado esperado. Cuando actuamos (en base al análisis) determinamos los cambios necesarios para mejorar el resultado. Repetimos el proceso, capitalizamos el nuevo conocimiento ganado para los planes futuros.

El ciclo PHVA es un proceso iterativo que busca la mejora a través de cada ciclo. La filosofía básica del ciclo PHVA es hacer pequeños incrementos, en lugar de hacer grandes rupturas a la vez. Algunas organizaciones emplean el término "competición salto de rana" para ilustrar el concepto de saltos cuánticos de la mejora. El enfoque seguro y progresivo de aprender de la experiencia y construir con éxito en base a la experiencia pasadas lleva a numerosas ganancias que se acumulan en el tiempo pueden ser superiores las mejoras.

Ciclo Deming en la dirección del mantenimiento.

El siguiente gráfico muestra la forma de organizar las acciones de mantenimiento aplicando el Ciclo Deming:

CICLO DEMING EN LA DIRECCION DE MANTENIMIENTO

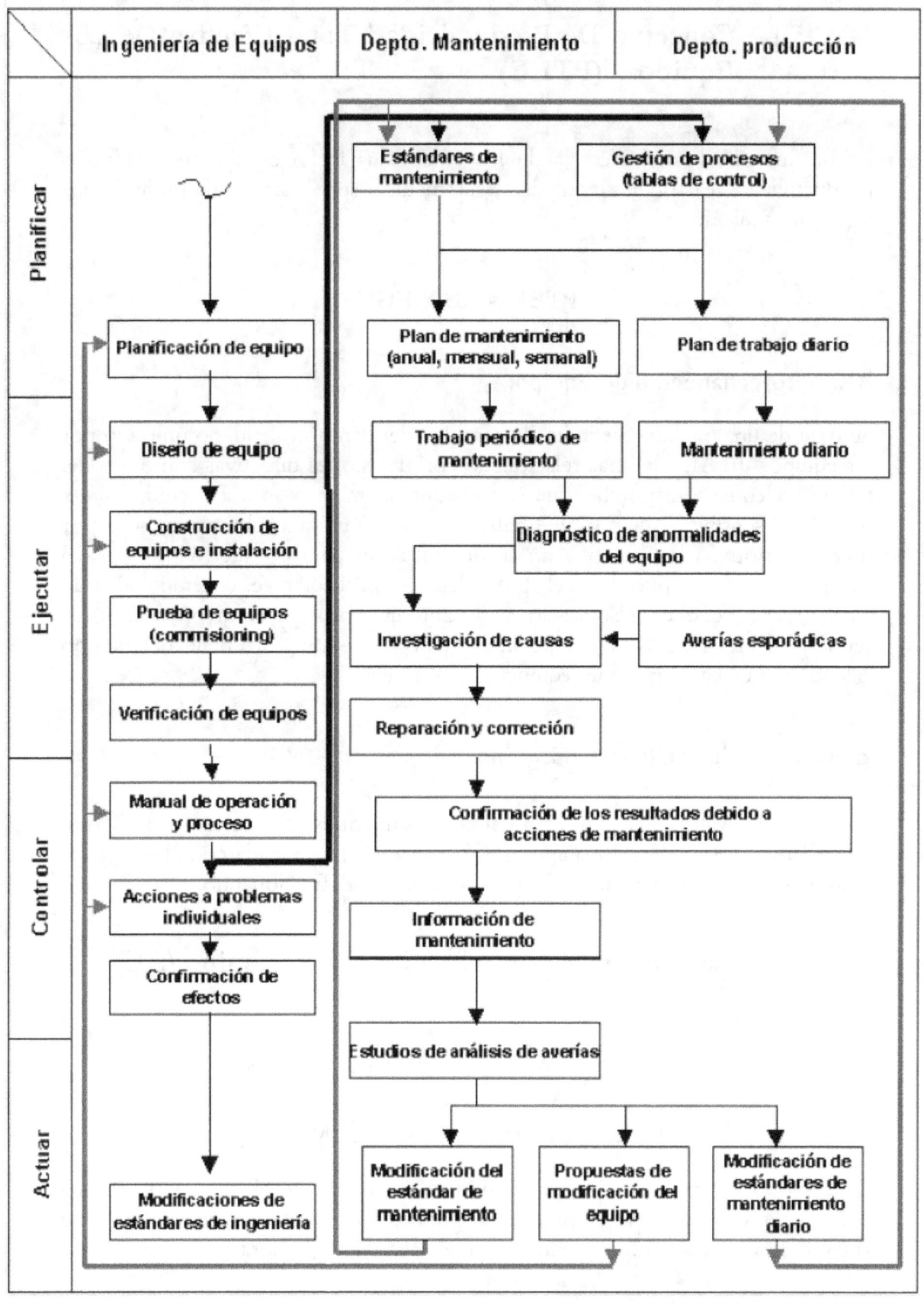

3.5   MEDICIÓN DE PERDIDAS.

3.5.1   Concepto De Productividad Total Efectiva De Los Equipos. (PTEE)

La productividad total efectiva de los equipos (PTEE) es una medida de la productividad real de los equipos. Esta medida se obtiene multiplicando los siguientes índices:

$$PTEE = AE \; X \; EGE$$

AE: Aprovechamiento del equipo.

Se trata de una medida que indica la cantidad del tiempo calendario utilizado por los equipos. El AE está más relacionado con decisiones directivas sobre uso del tiempo calendario disponible que con el funcionamiento en sí del equipo. Esta medida es sensible al tiempo que habría podido funcionar el equipo, pero por diversos motivos los equipos no se programaron para producir el 100 % del tiempo. Otro factor que afecta el aprovechamiento del equipo es el tiempo utilizado para realizar acciones planificadas de mantenimiento preventivo, descansos, reuniones, etc. El AE se puede interpretar como un porcentaje del tiempo calendario que ha utilizado un equipo para producir.

EGE: Efectividad Global del Equipo.

Esta medida evalúa el rendimiento del equipo mientras está en funcionamiento. La Efectividad Global del Equipo está fuertemente relacionada con el estado de conservación y productividad del equipo mientras está funcionando

3.5.2   Cálculo Del Aprovechamiento Del Equipo (AE).

Para calcular el AE se pueden aplicar los siguientes pasos:

<u>Establecer el tiempo base de cálculo o tiempo calendario (TC).</u>

Es frecuente en empresas de manufactura tomar la base de cálculo 1440 minutos o 24 horas. Para empresas de procesos continuos que realizan inspección de planta anual, consideran el tiempo calendario como (365 días * 24 horas).

<u>Obtener el tiempo total no programado.</u>

Si una empresa trabaja únicamente dos turnos (16 horas), el tiempo de funcionamiento no programado en un mes será de 240 horas.

Obtener el tiempo de paradas planificadas.

Se suma el tiempo utilizado para realizar acciones preventivas de mantenimiento, descansos, reuniones programadas con operarios, reuniones de mejora continua o Kaizen, etc.

Calcular el tiempo de funcionamiento.

Es el total de tiempo que se espera que el equipo o planta opere. Se obtiene restando del tiempo calendario (TC), el tiempo destinado a mantenimiento planificado y tiempo total no programado.

TF= Tiempo calendario – (Tiempo total no programado + Tiempo de paradas planificadas)

Cálculo del AE

Se obtiene dividiendo el tiempo de funcionamiento (TF) por el tiempo calendario (TC). Representa el porcentaje del tiempo calendario que realmente se utiliza para producir y se expresa en porcentaje.

$$AE = TF/TC * 100$$

3.5.3 Calculo De La Efectividad Global Del Equipo. (EGE)

Este indicador muestra las pérdidas reales de los equipos medidas en tiempo. Este indicador posiblemente es el más importante para conocer el grado de competitividad de una planta industrial. Está compuesto por los siguientes tres factores:

- **Disponibilidad.** Mide las pérdidas de disponibilidad de los equipos debido a paradas no programadas.

- **Eficiencia de rendimiento.** Mide las pérdidas por rendimiento causadas por el mal funcionamiento del equipo, no funcionamiento a la velocidad y rendimiento origina determinada por el fabricante del equipo o diseño.

- **Índice de calidad.** Estas pérdidas por calidad representan el tiempo utilizado para producir productos que son defectuosos o tienen problemas de calidad. Este tiempo se pierde, ya que el producto se debe destruir o re-procesar. Si todos los productos son perfectos, no se producen estas pérdidas de tiempo del funcionamiento del equipo.

El cálculo de la Efectividad Global de Equipo se obtiene multiplicando los anteriores tres términos expresados en porcentaje.

Efectividad Global de Equipo = Disponibilidad X Eficiencia de rendimiento X Índice de Calidad

Este índice es fundamental para la evaluación del estado general de los equipos, máquinas y plantas industriales. Sirve como medida para observar si las acciones del TPM tienen impacto en la mejora de los resultados de la empresa.

Las 16 pérdidas consideras por el JIPM (en procesos de manufactura):

1. Pérdida por fallo en equipos
2. Pérdidas por puesta a punto
3. Pérdida por problemas en herramientas de corte
4. Pérdidas por operación
5. Pequeñas paradas o marcha en vacío
6. Pérdida de velocidad
7. Pérdidas por defectos
8. Pérdidas por programación
9. Pérdidas por control en proceso
10. Pérdidas por movimientos
11. Pérdidas por desorganización de líneas de producción
12. Pérdidas por deficiencia en logística interna
13. Pérdidas por mediciones y ajustes
14. Pérdidas por rendimiento de materiales
15. Pérdida en el empleo de energía

¿Porque es importante el EGE?

La EGE es un índice importante en el proceso de introducción y durante el desarrollo del TPM. Este indicador responde elásticamente a las acciones realizadas tanto de mantenimiento autónomo, como de otros pilares TPM. Una buena medida inicial de EGE ayuda a identificar las áreas críticas donde se podría iniciar una experiencia piloto TPM. Sirve para justificar a la alta dirección sobre la necesidad de ofrecer el apoyo de recursos necesarios para el proyecto y para controlar el grado de contribución de las mejoras logradas en la planta.

El EGE permite priorizar entre varios proyectos de mejora enfocada (kobetsu kaizen) aquellos más significativos en la mejora de la planta. Dependiendo del tipo de pérdida, ya sea de calidad, rendimiento o disponibilidad, podremos priorizar para cada equipo la incidencia de el pilar TPM para cada caso. Esto es, si un equipo tiene pérdidas significativas de calidad y estas afectan el EGE, será necesario realizar acciones kobetsu kaizen orientadas a eliminación de defectos, empleando técnicas tradicionales de calidad. Si un equipo es nuevo y su EGE no es el esperado, será necesario utilizar acciones kobetsu kaizen para identificar problemas de diseño u otras acciones relacionadas con las variables de proceso. La mejora del equipo y las acciones de mantenimiento autónomo aportarán buenos beneficios en aquellos equipos que llevan varios años en producción.

Las cifras que componen el EGE nos ayudan a orientar el tipo de acciones TPM y la clase de instrumentos que debemos utilizar para el estudio de los problemas y fenómenos. El EGE sirve para construir índices comparativos entre plantas (benchmarking) para equipos similares o diferentes. En aquellas líneas de producción complejas puede se debe calcular el EGE para los equipos componentes. Esta información será útil para definir en el tipo de equipo en el que hay que incidir con mayor prioridad con acciones TPM. Algunos directivos de plantas consideran que obtener un valor global EGE para una proceso complejo o una planta no es útil del todo, ya que puede combinar múltiples causas que cambian diariamente y el efecto de las acciones TPM no se logran apreciar adecuadamente en el EGE global. Por este motivo, es mejor obtener un valor de EGE por equipo, con especial atención en aquellos que han sido seleccionados como piloto o modelo.

Reflexiones.

- Es frecuente que la información se encuentre fragmentada en los diferentes departamentos de la empresa y no se calcule el AE y EGE. Esto conduce a que cada departamento cuide sus índices. Sin embargo, el efecto multiplicativo de la disponibilidad, rendimiento y niveles de calidad producen un deterioro del EGE y AE, no siendo observado por los directivos de la empresa. Veamos un ejemplo: una máquina con una disponibilidad de 95 %, un nivel de rendimiento de 90 % en relación con los valores de diseño y una tasa de calidad de 95 %, puede conducirnos a obtener una EGE de 81 %. Si usted le dice a su jefe que tenemos una EGE de este valor, es posible que no lo crea, ya que en general estará acostumbrado a escuchar valores parciales superiores a 90 %.

- Es frecuente que el personal de mantenimiento se encargue de controlar la disponibilidad de los equipos ya que este mide la eficiencia general del departamento. La disponibilidad es una medida de funcionamiento del equipo. Sin embargo, en el área de mantenimiento es frecuente desconocer los valores del nivel de rendimiento de estos equipos. Si se llega a deteriorar este nivel, se cuestiona la causa y frecuentemente se asume como causa aquellos problemas que operativos y que nada tienen que ver con la función de mantenimiento. Esta falta de trabajo en equipo y con intereses comunes, hace que sea más difícil obtener las verdaderas fuentes de pérdida. Por este motivo, si en una empresa existe comportamientos frecuentes como "yo reparo el equipo y tú lo operas", va a ser imposible mejorar el EGE de una planta.

4. PILARES T.P.M.

4.1 MEJORAS ENFOCADAS (KOBETSU KAIZEN).

Las mejoras enfocada son actividades que se desarrollan con la intervención de las diferentes áreas comprometidas en el proceso productivo, con el objeto maximizar la efectividad global de equipos, procesos y plantas; todo esto a través de un trabajo organizado en equipos interfuncionales, empleando metodología específica y concentrando su atención en la eliminación de los despilfarros que se presentan en las plantas industriales.

Se trata de desarrollar el proceso de mejora continua similar al existente en los procesos de Control Total de Calidad aplicando procedimientos y técnicas de mantenimiento. Si una organización cuenta con actividades de mejora similares, simplemente podrá incorporar dentro de su proceso Kaizen o de mejora, nuevas herramientas desarrolladas en el entorno TPM. No deberá modificar su actual proceso de mejora que aplica actualmente.

Las técnicas TPM ayudan a eliminar dramáticamente las averías de los equipos. El procedimiento seguido para realizar acciones de mejoras enfocadas sigue los pasos del conocido ciclo PHVA (Planificar-Hacer-Verificar-Actuar).

El desarrollo de las actividades Kobetsu Kaizen se realizan a través de los pasos mostrados en la siguiente Figura:

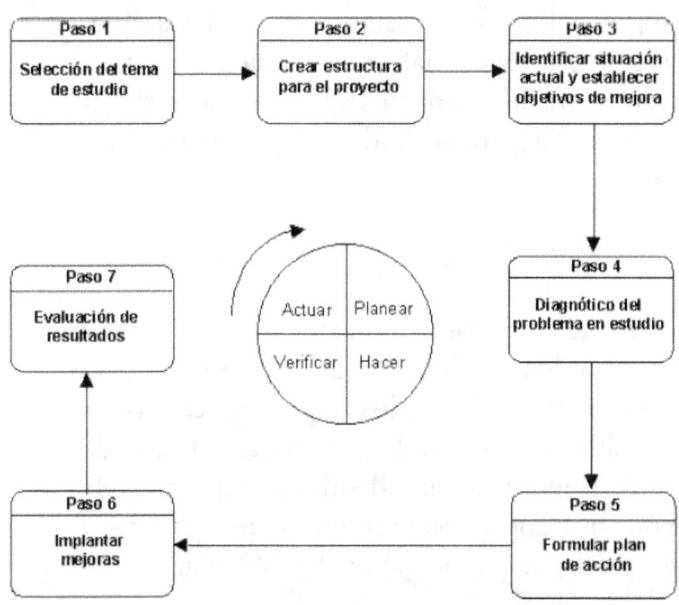

Paso 1. Selección del tema de estudio.

El tema de estudio puede seleccionarse empleando diferentes criterios:

- Objetivos superiores de la dirección industrial.
- Problemas de calidad y entregas al cliente.
- Criterios organizativos.
- Posibilidades de replicación en otras áreas de la planta.
- Relación con otros procesos de mejora continua
- Mejoras significativas para construir capacidades competitivas desde la planta.
- factores innovadores y otros.

Paso 2. Crear la estructura para el proyecto

La estructura frecuentemente utilizada es la del equipo interfuncional. En esta clase de equipos intervienen trabajadores de las diferentes áreas involucradas en el proceso productivo como supervisores, operadores, personal técnico de mantenimiento, compras o almacenes, proyectos, ingeniería de proceso y control de calidad. Es necesario recordar que uno de los grandes Propósitos del TPM es la creación de fuertes estructuras interfuncionales participativas.

Consideramos que un alto factor en el éxito de los proyectos de Mejora Enfocada radica en una adecuada gestión del trabajo de los equipos; esto es, un buen plan de trabajo, seguimiento y control del avance, como también, la comunicación y respaldo motivacional por parte de la dirección superior.

En las empresas japonesas es frecuente encontrar un tablero de control visual donde se registran los diferentes equipos, su avance y estado actual. Esta clase de tableros visuales producen un efecto motivacional, especialmente cuando algunos de los equipos se encuentran avanzados en su trabajo o de presión cuando se encuentran detenidos durante un largo período de tiempo sin actuar.

Paso 3. Identificar la situación actual y formular objetivos

En este paso es necesario un análisis del problema en forma general y se identifican las pérdidas principales asociadas con el problema seleccionado. En esta fase se debe recoger o procesar la información sobre averías, fallos, reparaciones y otras estadísticas sobre las pérdidas por problemas de calidad, energía, análisis de capacidad de proceso y de los tiempos de operación para identificar los cuellos de botella, paradas, etc. Esta información se debe presentar en forma gráfica y estratificada para facilitar su interpretación y el diagnóstico del problema.

Una vez establecidos los temas de estudio es necesario formular objetivos que orienten el esfuerzo de mejora. Los objetivos deben contener los valores numéricos que se pretenden alcanzar con la realización del proyecto. En una cierta compañía líder en productos comestibles se establecieron objetivos generales relacionados con el aumento de la Efectividad Global de Planta en 8 % en un año. Sus objetivos específicos estaban relacionados con el aumento del Tiempo Medio entre Fallos en 15 % y una reducción de 50 % del coste de mantenimiento en la sección de empaque para el primer año.

Paso 4: Diagnóstico del problema

Antes de utilizar técnicas analíticas para estudiar y solucionar el problema, se deben establecer y mantener las condiciones básicas que aseguren el funcionamiento apropiado del equipo. Estas condiciones básicas incluyen: limpieza, lubricación, chequeos de rutina, apriete de tuercas, etc. También es importante la eliminación completa de todas aquellas deficiencias y las causas del deterioro acelerado debido a fugas, escapes, contaminación, polvo, etc. Esto implica realizar actividades de <u>mantenimiento autónomo</u> en las áreas seleccionadas como piloto para la realización de las mejoras enfocadas.

Las técnicas analíticas utilizadas con mayor frecuencia en el estudio de los problemas del equipamiento provienen del <u>campo de la calidad.</u> Debido a su facilidad y simplicidad tienen la posibilidad de ser utilizadas por la mayoría de los trabajadores de una planta. Sin embargo, existen otras <u>técnicas de desarrollo en TPM</u> que permiten llegar a eliminar en forma radical los factores causales de las averías de los equipos. Las técnicas más empleadas por los equipos de estudio son:

- Método Why & Why conocida como técnica de *conocer por qué*.
- Análisis Modal de Fallos y Efectos (AMFES)
- Análisis de causa primaria
- Método PM o de función de los principios físicos de la avería
- Técnicas de Ingeniería del Valor
- Análisis de dados
- Técnicas tradicionales de Mejora de la Calidad: siete herramientas
- Análisis de flujo y otras técnicas utilizadas en los sistemas de producción Justo a Tiempo como el SMED o cambio rápido de herramientas.

Es necesario atender las recomendaciones de los expertos del Instituto Japonés de Mantenimiento de Plantas (JIPM) Shirose, Kimura y Kaneda sobre las limitaciones de los métodos tradicionales de calidad para abordar problemas de averías de equipos. Estos expertos manifiestan que esta clase de técnicas permiten eliminar en buena parte las causas, pero para llegar a un nivel de cero averías es necesario emplear preferiblemente la técnica PM.

Paso 5: Formular plan de acción

Una vez se han investigado y analizado las diferentes causas del problema, se establece un plan de acción para la eliminación de las causas críticas. Este plan debe incluir alternativas para las posibles acciones. A partir de estas propuestas se establecen las actividades y tareas específicas necesarias para lograr los objetivos formulados. Este plan debe incorporar acciones tanto para el personal especialista o miembros de soporte como ingeniería, proyectos, mantenimiento, etc., como también acciones que deben ser realizadas por los operadores del equipo y personal de apoyo rutinario de producción como maquinistas, empacadores, auxiliares, etc.

Paso 6: Implantar mejoras

Una vez planificadas las acciones con detalle se procede a implantarlas. Es importante durante la implantación de las acciones contar con la participación de todas las personas involucradas en el proyecto incluyendo el personal operador. Las mejoras no deben ser impuestas ya que si se imponen por orden superior no contarán con un respaldo total del personal operativo involucrado. Cuando se pretenda mejorar los métodos de trabajo, se debe consultar y tener en cuenta las opiniones del personal que directa o indirectamente intervienen en el proceso.

Un supervisor de la empresa Chaparral Steel, el fabricante de acero con el más alto nivel de productividad en el mundo comentaba "las ideas proceden de todo el mundo. Los operarios que trabajan en el equipo, poseen gran cantidad de información porque ven los problemas exactos en el momento en que se presentan. Además, las mejoras se ponen inmediatamente en práctica sin esperar la aprobación por parte de la dirección. Si da resultado, se convierte inmediatamente en una norma. Si mejora el rendimiento, todo el mundo la imitará. Quien quiera que pueda dar con una idea sobre cómo arreglar una cosa, desde los obreros que recorren los talleres reparando herramientas y equipos, hasta el más alto nivel de dirección... lo hace inmediatamente".

Paso 7: Evaluar los resultados

Es muy importante que los resultados obtenidos en una mejora sean publicados en una cartelera o paneles, en toda la empresa lo cual ayudará a asegurar que cada área se beneficie de la experiencia de los grupos de mejora. El comité u oficina encargada de coordinar el TPM debe llevar un gráfico o cuadro el la cual se controlen todos los proyectos, y garantizar que todos los beneficios y mejoras se mantengan en el tiempo.

4.2 MANTENIMIENTO AUTONOMO (JISHU HOZEN).

4.2.1 Introducción.

El Mantenimiento Autónomo está compuesto por un conjunto de actividades que se realizan diariamente por todos los trabajadores en los equipos que operan, incluyendo inspección, lubricación, limpieza, intervenciones menores, cambio de herramientas y piezas, estudiando posibles mejoras, analizando y solucionando problemas del equipo y acciones que conduzcan a mantener el equipo en las mejores condiciones de funcionamiento. Estas actividades se deben realizar siguiendo estándares previamente preparados con la colaboración de los propios operarios. Los operarios deben ser entrenados y deben contar con los conocimientos necesarios para dominar el equipo que opera.

Los objetivos fundamentales del mantenimiento autónomo son:

- Emplear el equipo como instrumento para el aprendizaje y adquisición de conocimiento.
- Desarrollar nuevas habilidades para el análisis de problemas y creación de un nuevo pensamiento sobre el trabajo.
- Mediante una operación correcta y verificación permanente de acuerdo a los estándares se evite el deterioro del equipo.
- Mejorar el funcionamiento del equipo con el aporte creativo del operador.
- Construir y mantener las condiciones necesarias para que el equipo funcione sin averías y rendimiento pleno.
- Mejorar la seguridad en el trabajo.
- Lograr un total sentido de pertenencia y responsabilidad del trabajador.
- Mejora de la moral en el trabajo.

4.2.2 Visión Tradicional De La División Del Trabajo En Plantas Industriales.

Una de las principales características del TPM es involucrar y hacer partícipe de la función de producción en actividades de mantenimiento. En un anterior estudio que realizamos en varias del sector de consumo (envasado, empacado, embotellado de productos para el cuidado personal y alimentación) encontrado que el 65 % de las solicitudes de servicio de mantenimiento (órdenes de trabajo) se debían a problemas ocasionados por deficiente operación de los equipos, produciéndose "estrelladas de máquina", desajustes, pérdidas de rendimiento o problemas de mala calidad por deficientes montajes de herramientas y materiales. El 35 % restante de las solicitudes se debían a problemas de desgaste natural del equipo. Estas cifras nos confirman la importancia de revisar la forma como el personal de producción en especial los operarios, deben intervenir directamente y contribuir a la mejora del desempeño de los equipos.

En numerosas fábricas es muy marcada la separación existente entre el personal de mantenimiento y producción. El departamento de mantenimiento se encarga de reparar y entregar el equipo para que la función productiva cumpla con su Propósito exclusiva de fabricar. Esta clase de organización industrial conduce a pérdidas de Efectividad Global de Producción, un pobre clima de trabajo, desmotivación y frecuentes enfrentamientos entre esta dos funciones.

La visión moderna del mantenimiento busca que exista un compromiso compartido entre las diferentes funciones industriales para la mejora de la productividad de la planta. En la medida en que se incorpora nueva tecnología en la construcción de los equipos productivos, los operarios de estos equipos deben tener un nivel técnico mayor, ya que deben conocer en profundidad su funcionamiento y colaborar en su mantenimiento. Son numerosas tareas que pueden realizarlas el operario, como limpiar, lubricar cuidar los aprietes, purgar las unidades neumáticas, verificar el estado de tensión de cadenas, observar el buen estado de sensores y fotocélulas, mantener el sitio de trabajo libre de elementos innecesarios, etc. Con esta contribución, el personal de mantenimiento podrá dedicar un mayor tiempo a mejorar las rutinas del mantenimiento preventivo y realizar verdaderos estudios de ingeniería de mantenimiento para mejorar el funcionamiento del equipo.

Otro problema frecuente es la categorización del personal de producción y mantenimiento. En una cierta empresa industrial es posible encontrar tantos grados de especialización que se requiere la intervención de tres o cuatro personas para retirar un conjunto motor-bomba del lugar de operación. El electricista desconecta el motor, el mecánico desmonta el conjunto y un tercero lo transporta al taller para su reparación. En esta organización, el aseo no es asumido por el operario de la sección, ya que este es un trabajo que debe ser realizado por personal con menor experiencia, preferiblemente del área de aseo que depende de servicios generales. Este tipo de situaciones hace que esta empresa no esté preparada adecuadamente para construir capacidades competitivas en su planta. No existe la posibilidad de mejorar el conocimiento sobre el comportamiento de los equipos, ya que la función de limpieza es transferida a operarios independientes de la operación y poco capacitados, creando riesgos, pérdida de conocimiento e ineficiencia.

En varias plantas productivas existe otro problema que tiene que ver con los "celos" entre el personal de mantenimiento en relación con el posible aprendizaje que pueda alcanzar el operario. Se ha considerado que el operario solamente debe operar el equipo y en cualquier intervención menor debe ser realizada por el personal de mantenimiento. Cuando el operario de producción pretende acercarse y conocer un poco más el equipo durante la intervención del mecánico, este lo invita a retirarse o no existe el interés de enseñarle, ya que considera que este debe ser un trabajo exclusivo del técnico en mantenimiento.

En una cierta planta un joven operario le pregunta a un mecánico experto: "¿como lograste repararlo?", el mecánico le responde "es...un secreto profesional..." Este tipo de actitudes no permiten lograr un mayor conocimiento sobre el equipo. Como resultado final el operario no intervendrá en futuras reparaciones, este se retirará del sitio de trabajo para realizar actividades personales no relacionadas con el trabajo.

Otro comportamiento que debemos corregir es el que se observa con el personal operario que no le interesa participar en los trabajos de mantenimiento y adquirir conocimiento profundo sobre el funcionamiento del equipamiento. Cuando la intervención toma cierto tiempo, la supervisión asigna el personal a otras líneas o equipos no dejando un número reducido de operarios para que cooperen en la puesta en marcha del equipo y aprendan más sobre la maquinaria. Este comportamiento se ve reforzado por la creencia existente que no es posible que el operario cuente con una herramienta para realizar intervenciones menores. Estas solo son posibles con la intervención de los mecánicos.

Existen actitudes del personal de mantenimiento dentro de las plantas de atribuir los problemas a las prácticas deficientes de los operarios y el personal de producción a los deficientes métodos empleados por mantenimiento. Finalmente, ninguna de las funciones es responsable del problema.

Estos comportamicnto han llevado a que dentro de las plantas industriales no se promueva la necesidad de que el operario pueda conocer profundamente la maquinaria. Sin este conocimiento difícilmente podrán contribuir a identificar los problemas potenciales de los equipos. Esta situación se ve agravada con la falta de inducción y entrenamiento del personal cuando llega a la empresa.

En estas circunstancias el Mantenimiento Autónomo es un pilar del TPM urgente de implantar en esta clase de empresas para transformar radicalmente la forma de actuar de las funciones industriales. Cada persona debe contribuir a la realización del mantenimiento del equipo que opera. Las actividades de mantenimiento liviano o de cuidado básico deben asumirse como tareas de producción.

4.2.3 Desarrollo De Trabajadores Competentes En El Manejo De Los Equipos.

Cuando el operario ha recibido entrenamiento en aspectos técnicos de planta y conoce perfectamente el funcionamiento del equipo, este podrá realizar algunas reparaciones menores y corregir pequeñas deficiencias de los equipos. Esta capacitación le permitirá desarrollar habilidades para identificar rápidamente anormalidades en el funcionamiento, evitando que en el futuro se transformen en averías importantes si no se les da un tratamiento oportuno. Los operarios deben estar formados para detectar tempranamente esta clase de anormalidades y evitar la presencia de fallos en el equipo y problemas de calidad. Un operario competente puede detectar prontamente esta clase de causas y corregirlas oportunamente. Esta debe ser la clase de operarios que las empresas deben desarrollar a través del Mantenimiento Autónomo.

El Mantenimiento Autónomo implica un cambio cultural en la empresa, especialmente en el concepto: "yo fabrico y tu conservas el equipo", en lugar de "yo cuido mi equipo". Para lograrlo es necesario incrementar el conocimiento que poseen los operarios para lograr un total dominio de los equipos. Esto implica desarrollar las siguientes capacidades en los operarios:

1. Capacidades para descubrir anormalidades.

Se crea una visión exacta para descubrir las anormalidades. No se pretende que el operario solamente detecte paradas del equipo o problemas con la calidad del producto. Es necesario desarrollar verdaderas competencias para descubrir tempranamente las posibles causas de un problema en el proceso. Se trata de crear una capacidad para prevenir anormalidades futuras.

2. Capacidades para la corrección inmediata en relación con las causas identificadas.

Con estas correcciones el equipo puede llevarse a las condiciones de funcionamiento original o normales. Por lo tanto, el operario debe conocer y contar con las habilidades para tomar decisiones adecuadas, informando a los niveles superiores o a otros departamentos involucrados en la prevención del problema.

3. Capacidad para establecer condiciones

Saber definir cuantitativamente el criterio para juzgar una situación normal de una anormal. Cuando se desarrolla la capacidad para descubrir anormalidades, estas dependen de las condiciones y situaciones específicas, por lo tanto, el operario debe tener la capacidad o contar con criterios para juzgar el equipo para poder considerar si hay algo anormal o normal. No se puede contar con un trabajo exacto medido en cantidades exactas para decidir la situación del equipo. Es necesario crear habilidades para juzgar hasta donde se puede llegar a producir fallos potenciales en el equipo.

4. Capacidad para controlar el mantenimiento

Se trata de que el operario pueda cumplir en forma exacta las reglas establecidas. No solamente detectar los fallos, corregirlos o prevenirlos. Se trata de respetar rigurosamente las reglas para conservar impecable el equipo.

4.2.4 Creación De Un Lugar De Trabajo Grato Y Estimulante.

El Mantenimiento Autónomo permite que el trabajo se realice en ambientes seguros, libres de ruido, contaminación y con los elementos de trabajo necesarios. El orden en el área, la ubicación adecuada de las herramientas, medios de seguridad y materiales de trabajo, traen como consecuencia la eliminación de esfuerzos innecesarios por parte del operario, menores desplazamientos con cargas pesadas, reducir los riesgos potenciales de accidente y una mayor comprensión sobre las causas potenciales de accidentes y averías en los equipos.

El Mantenimiento Autónomo estimula el empleo de estándares, hojas de verificación y evaluaciones permanentes sobre el estado del sitio de trabajo. Estas prácticas de trabajo crean en el personal operativo una actitud de respeto hacia los procedimientos, ya que ellos comprenden su utilidad y la necesidad de utilizarlos y mejorarlos. Estos beneficios son apreciados por el operario y estos deben hacer un esfuerzo para su conservación.

El contenido humano del Mantenimiento Autónomo lo convierte en una estrategia poderosa de transformación continua de empresa. Sirve para adaptar permanentemente a la organización hacia las nuevas exigencias del mercado y para crear capacidades competitivas centradas en el conocimiento que las personas poseen sobre su procesos. Otro aspecto a destacar es la creación de un trabajo disciplinado y respetuoso de las normas y procedimientos. El TPM desarrollado por el JIPM estimula la creación de metodologías que sin ser inflexible o limiten la creatividad del individuo, hacen del trabajo diario en algo técnicamente bien elaborado y que se puede mejorar con la experiencia diaria.

4.2.5 Limpieza Como Medio De Verificación Del Funcionamiento Del Equipo.

La falta de limpieza es una de las causas centrales de las averías de los equipos. La abrasión causada por la fricción de los componentes deterioran el estado funcional de las partes de las máquinas. Como consecuencia, se presentan pérdidas de precisión y estas conducen hacia la presencia de defectos de calidad de productos y paradas de equipos no programadas. Por lo tanto, cobra importancia el trabajo de mantenimiento que debe realizar el operario en la conservación de la limpieza y aseo en el mantenimiento autónomo.

Cuando se realizan actividades de Mantenimiento Autónomo el operario en un principio buscará dejar limpio el equipo y en orden. En un segundo nivel de pensamiento, el operario se preocupa no solamente por mantenerlo limpio, sino que tratará en identificar las causas de la suciedad, ya que esto implica un trabajo en algunas veces tedioso y que en lo posible se debe evitar identificando la causa profunda del polvo, contaminación o suciedad. De esta forma el trabajador podrá contribuir en la identificación de las causas de la suciedad y el mal estado del equipo. Cuando el operario "toca" el equipo podrá identificar otra clase de anomalías como tornillos flojos, elementos sueltos o en mal estado, sitios con poco lubricante, tuberías taponadas, etc. La limpieza como inspección se debe desarrollar siguiendo estándares de seguridad y empleando los medios adecuados previamente definidos, ya que de lo contrario, se pueden producir accidentes y pérdidas de tiempo innecesarias.

4.2.6   Empleo De Controles Visuales.

Una de las formas de facilitar el trabajo de los operarios en las actividades de Mantenimiento Autónomo es mediante el empleo de controles visuales y estándares de fácil comprensión. Por ejemplo, la identificación de los puntos de lubricación de equipo con códigos de colores, facilitará al operario el empleo de las aceiteras del mismo color, evitando la aplicación de otro tipo de lubricante al requerido. Los sentidos de giro de los motores, brazos de máquinas, válvulas, sentido de flujo de tuberías, etc., se deben marcar con colores de fácil visualización, evitando deficientes montajes y accidentes en el momento de la puesta en marcha de un equipo. Otra clase de información visual útil para los operarios son los estándares de trabajo, aseo y lubricación. Estos estándares en las empresas practicantes del TPM son elaborados en gran tamaño y ubicados muy cerca de los sitios de trabajo para facilitar su lectura y utilización.

4.2.7   Desarrollo Del Mantenimiento Autónomo.

(Nota: en forma indiscriminada utilizaremos el término paso o etapa, siendo el más familiar dentro del mundo TPM el término paso)

El desarrollo del Mantenimiento Autónomo sigue una serie de etapas o pasos, los cuales pretenden crear progresivamente una cultura de cuidado permanente del sitio de trabajo.

Las etapas sugeridas por los líderes del JIPM para aplicar el Mantenimiento Autónomo se muestran en la figura siguiente:

Pasos del Mantenimiento Autónomo sugeridas por el JIPM.

Etapa	Nombre	Actividades a realizar
1	Limpieza e inspección	Eliminación de suciedad, escapes, polvo, identificación de "Fuguai"
2	Acciones correctivas para eliminar las causas que producen deterioro acumulado en los equipos. Facilitar el acceso a los sitios difíciles para facilitar la inspección	Evitar que nuevamente se ensucie el equipo, facilitar su inspección al mejorar el acceso a los sitios que requieren limpieza y control, reducción el tiempo empleado para la limpieza
3	Preparación de estándares experimentales de inspección autónoma	Se diseñan y aplican estándares provisionales para mantener los procesos de limpieza, lubricación y apriete. Una vez validados se establecerán en forma definitiva
4.	Inspección general	Entrenamiento para la inspección haciendo uso de manuales, eliminación de pequeñas averías y mayor conocimiento del equipo a través de la inspección.
5	Inspección autónoma	Formulación e implantación de procedimientos de control autónomo
6	Estandarización	Estandarización de los elementos a ser controlados. Elaboración de estándares de registro de datos, controles a herramientas, moldes, medidas de producto, patrones de calidad, etc. Aplicación de estándares
7	Control autónomo pleno	Aplicación de políticas establecidas por la dirección de la empresa. Empleo de tableros de gestión visual, tablas MTBF y tableros Kaizen

Propósitos de los siete pasos de Mantenimiento Autónomo

La implantación del Mantenimiento Autónomo en pasos ha sido diseñada por el JIPM para cumplir Propósitos específicos en la mejora industrial. Los Propósitos previstos son:

- Lograr las condiciones básicas de los equipos
- Establecer una nueva disciplina de inspección por parte del personal operativo
- Crear una nueva forma de dirección fundamentada en el autocontrol y "empowerment".

Etapa 0. Preparación del Mantenimiento Autónomo.

Esta es una etapa muy importante en la que se reconoce la necesidad de implantar el mantenimiento autónomo en la planta. En esta fase se entrena el personal y se preparan los documentos necesarios para realizar las fases de limpieza, lubricación, apriete y estandarización.

En esta etapa de preparación se establecen los objetivos del mantenimiento autónomo, se selecciona el área o equipo piloto en el que se realizará la primera experiencia y se desarrolla el programa de entrenamiento necesario para el inicio de las primeras etapas. Los operarios deben conocer la estructura interna de los equipos, el funcionamiento de las máquinas y los problemas que se pueden presentar en su operación, y perjuicios causados por el depósito de polvo y mala limpieza, falta de aprietes en tornillos y pernos, como también, los problemas que se presentan con la falta de conservación de la lubricación.

Como resultado final de este entrenamiento, los operarios deben conocer la forma de eliminar el polvo y suciedad del equipo, los métodos de lubricación, cantidad y periodicidad, como también la forma correcta de mantener apretados los elementos de fijación y el uso de las herramientas empleadas para el apriete.

Etapa 1. Limpieza e inspección

En esta primera etapa se busca alcanzar las condiciones básicas de los equipos y establecer un sistema que mantenga esas condiciones básicas durante las etapas uno a tres. Los principios en los que se fundamenta la primera etapa son:

- Hacer de la limpieza un proceso de inspección.
- La inspección se realiza para descubrir FUGUAI o cualquier tipo de situación anormal en el equipo y las áreas próximas de trabajo.
- Los FUGUAI deben corregirse inmediatamente para establecer las condiciones básicas del equipo.

Para descubrir FUGUAI el proceso de limpieza es muy importante, ya que en esta fase se debe cumplir el principio de "limpieza es inspección". No se debe pretender solamente asignar un tiempo para la limpieza al finalizar el turno. Se debe buscar un nivel de pensamiento superior, en el que el operador tome contacto con el equipo para realizar inspección mediante el aseo del equipo. El TPM ofrece una metodología específica de auditoria para realizar la identificación de falta de limpieza, generando un plan de acción de mejora el cual es controlado mediante sistemas visuales y de fácil manejo por parte del operador y directivos de la planta. Es frecuente introducir en esta primera etapa las tres primeras "S" o pilares de la fabrica visual, esto es aplicar Seiri, Seiton y Seiso que se estudiarán con detalle más adelante.

Etapa 2. Establecer medidas preventivas contra las causas de deterioro forzado y mejorar el acceso a las áreas de difícil limpieza.

En esta etapa se pretende que el trabajador descubra las fuentes profundas de la suciedad que deteriora el equipo y tome acciones correctivas para prevenir su presencia. Se busca mejorar el acceso a sitios difíciles para la limpieza, eliminación de zonas donde se deposita con facilidad la suciedad y se mejora la observación de los instrumentos de control. Esta etapa es importante para el desarrollo de las actividades Kaizen o de mejora continua y son desarrolladas por los propios trabajadores que enfrentan las dificultades en la limpieza o el manejo de los procesos asignados. Los resultados se manifiestan en la mejora del sitio de trabajo, reducción de posibles riesgos y reducción del deterioro acelerado de los equipos debido a la contaminación y escapes.

Las actividades más frecuentes que se realizan en planta en esta segunda etapa tienen que ver con la eliminación de escapes, fuentes de contaminación, excesos de lubricación y engrase en sitios de la máquina, derrames y contaminación. Conviene empezar observando cuidadosamente el área de trabajo para determinar qué piezas se ensucian, qué es lo que las ensucia y cuándo, cómo y porqué se ensucian. Es necesario dibujar esquemas que muestren la localización de la contaminación, escapes, partículas, humos, nube de aceite, polvo, vapor y otros.

Etapa 3. Preparación de estándares para la limpieza e inspección.

Con base en la experiencia adquirida en las etapas anteriores, se preparan los estándares de inspección con el Propósito de mantener y establecer las condiciones óptimas del estado del equipo. Es frecuente emplear las dos últimas "S" de la **estrategia de las 5S** con el objeto de garantizar disciplina y respeto de los estándares.

Esta etapa es un refuerzo de "aseguramiento" de las actividades emprendidas en las etapas 1 y 2. Se busca crear el hábito para el cuidado de los equipos mediante la elaboración y utilización de estándares de limpieza, lubricación y apriete de tornillos, pernos y otros elementos de ajuste; busca prevenir deterioro del equipo manteniendo las condiciones básicas de acuerdo a los estándares diseñados. Estos estándares en lo posible deben ser preparados por el operador una vez se haya capacitado para realizar esta labor.

Como consecuencias de esta etapa, el trabajador participará efectivamente en todas las actividades de cuidar el equipo, iniciando su intervención desde el mismo momento en que prepara las normas de cuidado de los equipos.

Etapa 4. Inspección general orientada

En las etapas 1,2 y 3 se han implantado actividades orientadas a la *prevención* del deterioro a través de la mejora de las condiciones básicas de la planta. En las etapas 4 y 5 se pretende identificar tempranamente el deterioro que puede sufrir el equipo con la participación activa del operador. Estas etapas requieren de conocimiento profundo sobre la composición del equipo, elementos, partes, sistemas, como también sobre el proceso para intervenir el equipo y reconstruir el deterioro identificado. Las inspecciones iniciales las realiza el operador siguiendo las instrucciones de un tutor especialista. La tabla siguiente presenta un ejemplo de un procedimiento para detección de inconvenientes empleado en esta etapa. En esta clase de inspecciones deben producirse acciones de mejora que eviten la reincidencia de los problemas identificados mediante las acciones de inspección general.

Ejemplo de listado para la detección de inconvenientes

Inconvenientes	Detalle del inconveniente
1. Fallas pequeñas	
1.1 por suciedad	Polvo, basura, aceite, óxido, manchas
1.2 por trepidación	Corrosión, desgaste, deformación, etc.
1.3 por anormalidad	Ruido anormal, calentamiento, vibración, olor extraño, alteración del color, presión, corriente
1.4 por adherencia	Obstrucción, fijación, acumulación, despegado, problemas en el
1.5 por daño	Ralladura, aplastado, deformación alta

2. Condicion es básicas de lubricación	Falta de aceite, aceite sucio, no se conoce el tipo de aceite, aceite inapropiado
2.2 de suministro de lubricante	Daños por deformación de la boquilla, tapada debido al mugre,
2.3 medidor de nivel	Suciedad, daños, no posee indicador, no se aprecia la marca de mínimos y máximos
2.4 ajustes y aprietes tapa de sitio de	Mala colocación de tapa, excesivo apriete, corrosión, falta arandela, desgaste
3. Lugar difícil de acceder	
3.1 para limpieza	Estructura de la máquina, protecciones, posiciones, espacio
3.2 para inspección	Estructura, posicionamiento, ubicación de aparatos de medida, falta de indicaciones adecuadas
3.3 para lubricación	Posición de la boca de lubricación, altura, orificio de salida de aceite
3.4 para apriete de tuercas y otros	Protecciones, tamaño, apoyo, espacio
3.5 para operación	Posición de la máquina, controles, válvulas, interruptores
3.6 para regulación	Mal ubicado el manómetro, medidor sin escalas y tolerancias permitidas, no se marcan condiciones críticas y de seguridad en los

Para la implantación de la etapa cuatro se deben tener en cuenta los siguientes puntos:

1. Preparar el programa de formación para operarios dirigido a lograr un alto conocimiento sobre métodos de inspección.
2. Desarrollar el programa de formación empleando la metodología "aprender haciendo"
3. Desarrollo de las primeras inspecciones con tutor. En esta oportunidad los expertos de mantenimiento podrán apoyar esta clase de tareas.
4. Realizar reparaciones e intervenciones livianas con la

ayuda del tutor.

5.   Planificar las acciones de reparación y de nuevas revisiones o inspecciones del equipo. Es necesario contar con plan de inspecciones rutinario. El Ciclo Deming será de gran ayuda para impulsar esta clase de acciones en forma rutinaria.

En varias empresas se han construido pequeños laboratorios de entrenamiento para operarios para que estos tengan la oportunidad de desarrollar sus habilidades de desmontaje y montaje de equipos. En otras compañías han desarrollado programas de formación técnica para operarios con los contenidos siguientes:

- Principios de elementos de máquinas
- Física y dinámica de maquinaria
- Mediciones básicas
- Sistemas neumáticos e hidráulicos
- Lubricación y tribología elemental
- Introducción a la electricidad
- Electrónica básica
- Seguridad en el trabajo
- Estandarización de operaciones
- Lectura de planos mecánicos y eléctricos
- Métodos de inspección

Esta etapa es la de mayor contenido de formación. Dependiendo del nivel inicial de los trabajadores puede considerarse la de mayor tiempo necesario para su implantación. Es frecuente en las empresas encontrar personal con poco conocimiento técnico, lo cual puede ser un impedimento para que esta fase se logre en pocos meses. A tener en cuenta:

La etapa cuatro del mantenimiento Autónomo implica implantar un proceso concreto de mejora que contiene tres etapas:

1.   Entrenamiento y adquisición de nuevo conocimiento para obtener recursos para inspeccionar profundamente el equipo.
2.   Realizar el trabajo de inspección en forma rutinaria, en forma similar como lo realiza el experto de mantenimiento a través de rutinas de inspección periódica.
3.   Evaluación de resultados, desarrollo de intervenciones y mejora del equipo.

Los instrumentos clave y ayudas necesarias para que la etapa cuatro se implante con éxito son:

- Elaboración del manual de inspección general

- Mejora del conocimiento de los operarios con lecciones de un punto y acciones de tutoría por expertos.
- Auditoria y evaluación del grado de conocimiento adquirido por el operario.
- Control sobre el desarrollo de competencias y habilidades de los operarios para reforzar o ajustar su trabajo.
- Auditoria de la etapa.

Etapa 5. Inspección autónoma

En esta etapa cumple una primera función de conservar los logros alcanzados en las etapas anteriores o el equivalente de "asegurar" en el Ciclo Deming; posteriormente, la etapa cinco debe conducir a mejorar los estándares y la forma de realizar el trabajo autónomo que se viene realizando.

Se evalúan los estándares de limpieza, lubricación y apriete establecidas en las etapas previas, se mejoran sus métodos y tiempos en base a la experiencia acumulada por el operador. Las principales actividades de esta etapa están relacionadas con el control de los equipos y la calidad de los mismos, condiciones y estado de ellos como de las herramientas. Uno de los aportes significativos de la etapa cinco consiste en el incremento de la eficiencia de la inspección, al mejorar métodos de trabajo y los estándares utilizados.

El desarrollo de la etapa cinco incluye los siguientes trabajos prácticos:

1. Evaluar los procedimientos utilizados hasta el momento en las actividades autónomas. Por ejemplo, los estándares de limpieza, lubricación y apriete. Las preguntas más frecuentes son: ¿los tiempos que utilizamos son los mejores? ¿Hemos dejado "pasar" fallos? ¿Existe recurrencia de fallos? ¿se han presentado errores de inspección? ¿El manual de inspección que utilizamos realmente está completo? ¿Podremos incorporar otros puntos al manual de inspección?
2. Se analizan los estándares para identificar si se pueden eliminar algunos puntos de inspección de alta fiabilidad, realizar trabajos en paralelo para reducir los tiempos de inspección, ¿podremos transferir algunas de estas actividades de inspección al trabajo de limpieza?
3. Se evalúan los controles visuales que hemos utilizado. ¿Son adecuados? ¿han ayudado a mejorar la inspección? ¿faltan puntos? ¿Se pueden introducir nuevos elementos transparentes para facilitar la inspección visual? ¿Los códigos de colores que hemos utilizado para facilitar las operaciones realmente han aportado mejoras, o se deben realizar modificaciones para detectar con facilidad los problemas?

Etapa 6. Estandarización

En las etapas anteriores se han realizado actividades de cuidado de las condiciones básicas de los equipos a través de inspecciones de rutina. Esta etapa cumple la tarea de realizar procesos Kaizen a los métodos de trabajo. Esta etapa ya no está tan directamente relacionada con los equipos, sino con los métodos de actuación del personal operativo.

Una vez se han logrado las mejoras de los métodos de inspección para los equipos propuestos en la etapa cinco, es necesario establecer un estándar para que estos se mantengan a través del tiempo. La estandarización busca que estas actividades de rutina sean asignadas adecuadamente a los operarios y en el mejor tiempo. Los estándares deben incluir los sistemas de información necesarios para garantizar que los resultados de la inspección autónoma se emplean para la mejora del equipo y la prevención de problemas potenciales.

Se pueden resumir los siguientes puntos como los objetivos esperados en esta etapa de Mantenimiento Autónomo:

- Analizar las funciones de los operarios desde el punto de vista de las tareas asignadas, , estándares de trabajo, eficiencia con la que se desarrollan, tiempos utilizados y coherencia.
- Desarrollo de acciones Kaizen para mejorar las acciones de trabajo e inspección y control de los equipos.
- Asegurar que la unidad de criterio entre los diferentes operarios que actúan sobre un mismos equipo en diferentes turnos.

En esta etapa se busca que el equipo humano opere en forma armónica y que no existan desviaciones en su actuación. La etapa seis se debe orientar a eliminar aquellas causas que conducen a la pérdida de eficiencia de mano de obra. El proceso Kaizen se empleará como parte del trabajo necesario para alcanzar los objetivos de la compañía. Es en esta etapa donde se desarrolla el ciclo de trabajo de mantenimiento autónomo de acuerdo al proceso de <u>Dirección por Políticas</u> y/o Hoshin Kanri.

En esta etapa se analizan las auditorías generales de fábrica empleadas hasta el momento, con el objeto de introducir mejoras al modelo. Dentro de la estandarización se puede incluir acciones para certificar al personal de producción y reconocer que han cumplido un ciclo formativo estandarizado, haciéndolo merecedor de un certificado de educación.

En las etapas 1 a 6 se logran resultados de mejora tanto en el control de los equipos, y cumplimiento de estándares mejorados de los métodos de trabajo. En la etapa 7 se integra plenamente el proceso de Mantenimiento Autónomo al proceso de dirección general de la compañía o Dirección por Políticas. Se pretende reconocer a la capacidad de autogestión del puesto de trabajo del operador, creando un sentimiento de participación efectiva en el logro de las metas y objetivos de la fábrica y de la empresa. El operario podrá tomar decisiones en el ámbito de su puesto de trabajo, cooperará para el logro de objetivos compartidos, realizará nuevas acciones Kaizen y se inician en nuevas fronteras de mejora e innovación permanente en la forma de trabajar. Es en esta etapa donde realmente se logra que una planta de producción sea, en las palabras de un directivo de Chaparral Steel, "un verdadero laboratorio de aprendizaje".

Reflexión:

En esta etapa se debe incluir el proceso de Mantenimiento Autónomo como parte de los macro procesos de Dirección por Políticas. La DP es el instrumento que mantiene "vivo" esta clase de procesos de mejora, evitando que entren en rutina y se pierda la capacidad de autocontrol existentes en la planta, cuando las acciones se vuelven rutina.

La DP emplea un proceso de comunicación conocido como "catch ball" y que permite comunicar nuevos retos anuales de mejora a los niveles operativos. El "catch ball" debe servir para establecer objetivos retadores y orientados a crear nuevas capacidades competitivas de la empresa. Cuando una planta mejora significativamente su funcionamiento operativo, es posible que entre en una etapa de complacencia y no sea cada vez más difícil encontrar proyectos Kaizen. Es en esta etapa cuando se debe emplear esta capacidad creativa y personal preparado para iniciar acciones, ya no de "mejora operativa" como las llama el experto en estrategia Michael Porter, sino mejoras progresivas de las estrategias competitivas de la empresa, apoyadas desde los niveles operativos.

4.2.8   Auditorías Del Mantenimiento Autónomo.

Conceptos

Las auditorias de mantenimiento son el principal instrumento de gestión para lograr una verdadera transformación de la cultura de la fábrica. El concepto de auditoria no se debe asumir como vigilancia, sino como un proceso de reflexión y conversación que genere compromiso para la acción. La literatura especializada sobre estos aspectos (Fernando Flores, Raúl Espejo y los pensadores en organizaciones dentro del nuevo enfoque cibernéticas) comentan la necesidad de introducir nuevos modelos de control directivo dentro de las empresas. Estos nuevos modelos de control parten de la base de dar mayor poder a los proceso de autoevaluación como factor decisivo en el incremento del compromiso con las acciones tomadas en las acciones de control.

Deming, DeGeuss, Ishikawa, Senge y expertos de la escuela del aprendizaje organizativo "Learning Organization" consideran que el proceso de control debe servir para incrementar el conocimiento profundo y aprendizaje del proceso.

Estos enfoques conceptuales pueden servir de base para el desarrollo de metodología de intervención y transformación de empresa, necesarias en la aplicación del TPM.

Aplicación.

Las auditorias de Mantenimiento Autónomo bajo los conceptos teóricos anteriores deben tener las siguientes características:

- facilitar el autocontrol por parte de los operarios.
- servir para aprender más del proceso seguido.
- evaluar el "lo que se hace" y " la forma como se hace"

Las auditorias de Mantenimiento Autónomo se diseñan para que sea aplicadas por el grupo de operarios, especialmente con la intervención de su líder. Estas auditorias pueden ser realizadas tanto para cada paso, como auditorias generales de fábrica.

Auditorias de paso.

Las auditorias de paso desde el punto de vista conceptual deben incluir los siguientes puntos:

1. Progreso en la aplicación de cada una de las actividades contempladas para cada paso. Por ejemplo, en la etapa uno se puede incluir como parte de su desarrollo la creación de los mapas de seguridad. En la auditoria se evalúa si se han creado y si se comprenden.

2. Sistema de información utilizado, esto es, si se utiliza adecuadamente el tablero de gestión visual, las actas de reuniones, gráficos y demás documentos necesarios para implantar cada paso.

3. El trabajo en equipo y el nivel de participación de sus integrantes.

Las auditorias de paso deben servir para crear acciones de conversación sobre los temas previstos y crear nuevo conocimiento en el puesto de trabajo.

Nota: Un excelente tratado sobre la forma como se pueden crear sitios de trabajo de alto conocimiento es el publicado por:

W. Mark Fruin. Knowledge Works. Managing Intellectual Capital at Toshiba.

Editorial. Oxford University Press, (1997). Japan Business and Economics Series.

Auditorias de la dirección.

Las auditorias de la dirección pueden ser de dos tipos: de paso y general de fábrica. Las auditorias de paso sirven para tener la suficiente información sobre el grado de evolución de cada paso y la autorización para iniciar el siguiente paso de autónomo. Este tipo de auditorias son importantes para reconocer el progreso del equipo y el crecimiento personal de sus integrantes. Algunas empresas entregan una certificación en la que se reconoce que el equipo ha cumplido con los requisitos para continuar su trabajo en un paso superior de autónomo.

Las auditorias de fábrica sirven para evaluar el progreso general del pilar, identificar puntos que requieren ayuda, aportar recomendaciones y ofrecer estímulo al personal.

La importancia de las auditorias está en los procesos de conversación existentes durante su realización. El JIPM no ofrece detalles sobre esta clase de beneficios. Sin embargo, los desarrollos recientes de "management" confirman la necesidad de no solamente llenar un formato con lo observado en la auditoria. Lo realmente valioso consiste en las diferentes reuniones que se realizan y donde existe la posibilidad de practicar diálogos creativos. Nuevamente la teoría de que los "actos lingüísticos generan compromiso" es útil como base de la mejora de procesos, adquisición de nuevo conocimiento y lograr involucrar al personal.

Reflexión:

La aplicación del Mantenimiento Autónomo exige una cuidadosa planificación para puesta en marcha de elementos de dirección, poco analizados por los creadores del TPM, ya que en el modelo nipón de dirección estos factores hacen parte de la rutina de dirección. Estos detalles hacen que realmente el trabajo con las personas sea ordenado y diseñado para realizar intervenciones exitosas en la organización. Los elementos técnicos del Mantenimiento Autónomo no son complejos, sin embargo, al tratarse un proyecto humano se debe tener el cuidado de diseñar acciones que conduzcan a transformaciones culturales que están incorporadas en la nueva forma de realizar el trabajo.

4.3   MANTENIMIENTO PROGRESIVO O PLANIFICADO (KEIKAKU HOZEN).

El mantenimiento progresivo es uno de los pilares más importantes en la búsqueda de beneficios en una organización industrial. El JIPM le ha dado a este pilar el nombre de "Mantenimiento Planificado". Algunas empresas utilizan el nombre de Mantenimiento Preventivo o Mantenimiento Programado. En este servidor hemos considerado que el término Mantenimiento Progresivo puede comunicar mejor el Propósito de este pilar, que consiste en la necesidad de avanzar gradualmente hacia la búsqueda de la meta "cero averías" para una planta industrial.

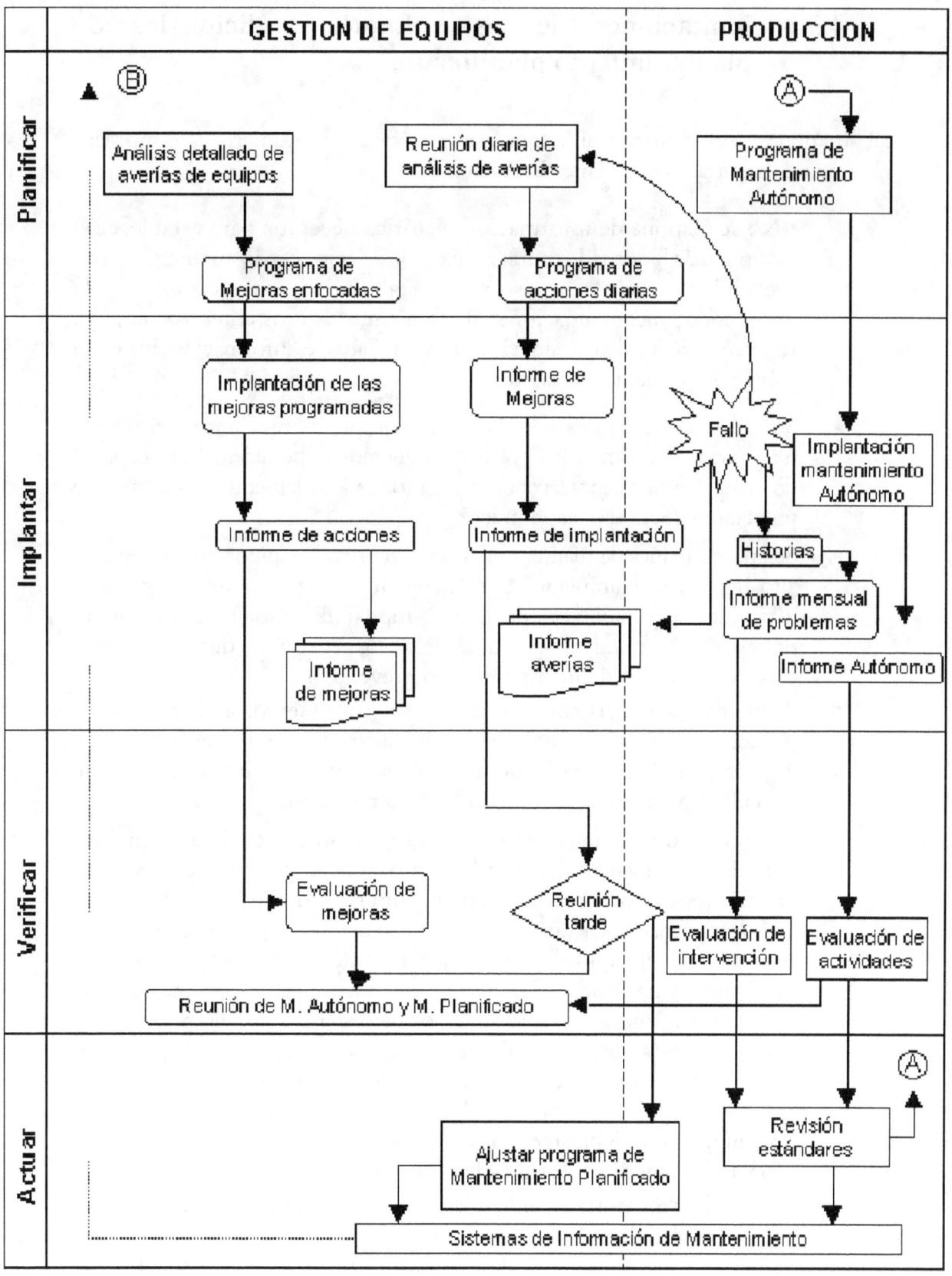

75

4.3.1 limitaciones de los enfoques tradicionales de mantenimiento planificado.

El mantenimiento planificado que se practica en numerosas empresas presenta entre otras las siguientes limitaciones:

- No se dispone de información histórica necesaria para establecer el tiempo más adecuado para realizar las acciones de mantenimiento preventivo. Los tiempos son establecidos de acuerdo a la experiencia, recomendaciones de fabricante y otros criterios con poco fundamento técnico y sin el apoyo en datos e información histórica sobre comportamiento pasado.

- Se aprovecha la parada de un equipo para "hacer todo lo necesario en la máquina" ya que la tenemos disponible. ¿Será necesario un tiempo similar de intervención para todos los elementos y sistemas de un equipo? ¿Será esto económico?

- Se aplican planes de mantenimiento preventivo a equipos que poseen un alto deterioro acumulado. Este deterioro afecta la dispersión de la distribución (estadística) de fallos, imposibilitando la identificación de un comportamiento regular del fallo y con el que se debería establecer el plan de mantenimiento preventivo.

- A los equipos y sistemas se les da un tratamiento similar desde el punto de vista de la definición de las rutinas de preventivo, sin importan su criticidad, riesgo, efecto en la calidad, grado de dificultad para conseguir el recambio o repuesto, etc.

- Es poco frecuente que los departamentos de mantenimiento cuenten con estándares especializados para la realizar su trabajo técnico. La práctica habitual consiste en imprimir la orden de trabajo con algunas asignaciones que no indican el detalle del tipo de acción a realizar. Por ejemplo: "inspeccionar la cadena 28X del eje superior del rotor impulsor". Este tipo de instrucción no indica qué inspeccionar en la cadena, el tipo de estándar a cumplir, forma, cuidados, características de calidad, registro de información, seguridad, tiempo, herramientas y otros elementos necesarios para realizar el trabajo de inspección. Esta situación se aprecia en todo tipo de empresas e inclusive en aquellas que poseen certificaciones y programas o modelos de calidad avanzados.

- El trabajo de mantenimiento planificado no incluye acciones Kaizen para la mejora de los métodos de trabajo. No se incluyen acciones que permitan mejorar la capacidad técnica y mejora de la fiabilidad del trabajo de mantenimiento, como tampoco es frecuente observar el desarrollo de planes para eliminar la necesidad de acciones de mantenimiento. Esta también debe ser considerada como una actividad de mantenimiento preventivo.

4.3.2 Aportes Del Tpm A La Mejora De Mantenimiento Planificado.

El TPM posee una mayor óptica o visión de los proceso de gestión preventiva de equipos. El TPM utiliza tres grandes estrategias:

1. Actividades para prevenir y corregir averías en equipos a través de rutinas diarias, periódicas y predictivas.
2. Actividades Kaizen orientadas a mejorar las características de los equipos o "Mantenimiento por Mejora" y Kaizen para eliminar acciones de mantenimiento.
3. Actividades Kaizen para mejorar la competencia administrativa y técnica de la función mantenimiento.

Si se comparan las dos estrategias anteriores sugeridas dentro del TPM con las prácticas habituales de mantenimiento planificado, observamos que existe una diferencia significativa en cuanto al alcance de sus actividades.

Algunas empresas han considerado que implantar un programa informático de gestión de mantenimiento les conducirá a resolver los problemas del mantenimiento preventivo. La verdad es que se mejorarán las acciones administrativas de mantenimiento, pero el efecto positivo en la disminución de las averías y fallos en el equipo se logrará con acciones adicionales como:

- Utilización de la información para identificar y reducir los fallos frecuentes. (Daily Management Maintenance)

- Utilización de información para el establecimiento de mejores tiempos de mantenimiento preventivo

- Implantar acciones Kaizen para practicar Mantenimiento por Mejora.

- Implantar acciones de prevención de mantenimiento.

- Implantar acciones para mejorar la competencia técnica de la función de mantenimiento.

- Desarrollo de conceptos Kaizen en los aspectos relacionados con los métodos de trabajo y gestión de mantenimiento.

- Participación integral de todo el personal relacionado con las operaciones de la empresa en las acciones de mantenimiento.

Seguramente que las anteriores estrategias sugeridas por TPM se constituyen en los mejores aportes al desarrollo del mantenimiento planificado. Sin embargo, desde el punto de vista del desarrollo de una organización, el TPM ha marcado una diferencia conceptual al lograr justificar y proponer acciones concretas para eliminar las barreras existentes entre los departamentos de producción y mantenimiento en cuanto al principio de responsabilidad por el cuidado y conservación de los equipos. Haber logrado involucrar todas las áreas de una fábrica para alcanzar los objetivos de productividad global, ha sido el mayor éxito de la práctica del TPM.

4.3.3 Actividades Generales Del Mantenimiento Progresivo.

El siguiente gráfico presenta una visión general de las actividades incluidas en este pilar:

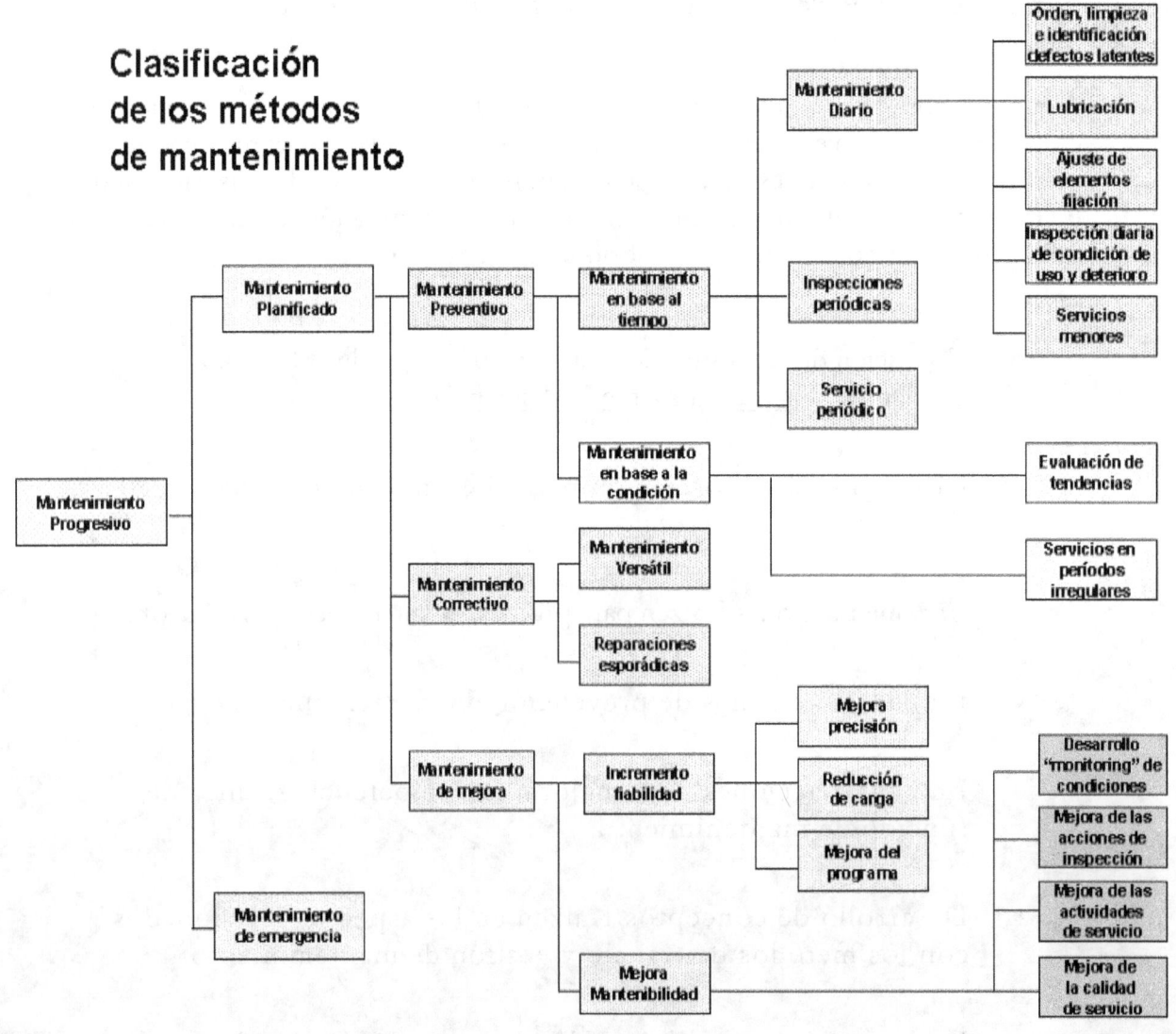

4.3.4   Pasos Preliminares Para Implantar Un Modelos De Mantenimiento Planificado.

Hemos comentado previamente sobre la necesidad de lograr que los equipos posean un comportamiento regular desde el punto de vista estadístico para poder establecer un plan de mantenimiento. El comportamiento de los fallos estable permite hacer que el fallo sea "predecible" y que las acciones de mantenimiento preventivo sean más económicas y eficaces. Un fallo es predecible cuando obedece a causas de deterioro natural preferiblemente. Si existe negligencia en su operación, sobrecarga, condiciones de funcionamiento deficiente, poca o ninguna limpieza, cualquier actividad de mantenimiento planificado no será eficaz y desde el punto de vista económico no se obtendrá el mejor beneficio de la intervención.

El JIPM y en concreto el Dr. Nakajima sugiere realizar dos actividades previas antes de iniciar un programa de mantenimiento planificado en un equipo para que este sea económico y eficaz.

Estas actividades son:

Etapa 1. Hacer "predecible" el MTBF

Propósitos.

- Reducir la variabilidad de los intervalos de fallo.
- Eliminar deterioro acumulado.
- Hacer más predecible los tiempos potenciales en que se pueden presentar los fallos.

Acciones.

- Desarrollar los pasos uno y dos de Mantenimiento Autónomo.
- Eliminar errores de operación, negligencias y limitaciones del personal.
- Mantener condiciones básicas de operación.

En esta etapa se pretende eliminar en forma radical el deterioro acumulado que posee el equipo y que interviene como causa en la pérdida de estabilidad del MTBF. Un plan de mantenimiento realizado sobre un equipo que no cuente con un MTBF estable, es poco económico y poco efectivo para prevenir los problemas de fallos. Con las acciones de esta etapa se busca que la fluctuación del MTBF sea en lo posible (teóricamente) debida al desgaste natural de los componentes del equipo. Al ser estable el MTBF el comportamiento de los fallos será predecible y el tiempo asumido para la intervención planificada del equipo será la más próxima al comportamiento real futuro.

Etapa 2. Incrementar el MTBF

Propósito.

- Aumentar la expectativa de duración del equipo.
- Eliminar fallos esporádicos.
- Restaurar deterioro de apariencia o externo.

Acciones.

- Eliminar los fallos debidos a debilidades de diseño del equipo. Realización de proyectos Kaizen para la mejora de materiales, construcción y puesta en marcha del equipo. Eliminar posibilidades de sobre carga de equipos mejorando los estándares en caso de no poderse mejorar el equipo para que pueda aceptar las nuevas exigencias.
- Eliminar fallos por accidentes. Es necesario realizar el entrenamiento necesario para reparar adecuadamente el equipo, realizar proyectos Kaizen sobre métodos de intervención. Estandarizar métodos de operación e instalación de dispositivos a prueba de errores que eviten accidentes.
- Restaurar el deterioro. Inspección del estado general del equipo, deterioros que se pueden observar con inspecciones visuales. Aplicar los dos pasos iniciales de Mantenimiento Autónomo.

En esta etapa de búsqueda de eliminación de fallos en equipos, se pretende eliminar las causas de deterioro acelerado ya sea por causas debidas a mala operación del equipo, debilidades del diseño original de este, o mala conservación.

Las anteriores dos etapas se deben considerar como parte de las acciones de un mantenimiento preventivo efectivo. Nakajima comenta "Cuando el mantenimiento periódico se realiza antes de que la duración de la vida del equipo sea estable, los costes de mantenimiento son mayores y el proceso no es eficaz".

4.3.5   Etapas Del Mantenimiento Progresivo.

El pilar Mantenimiento Planificado sugerido por el JIPM se implanta en seis pasos. La visión general de estos pasos se muestra en el siguiente gráfico.

Paso 1. Identificar el punto de partida del estado de los equipos

El paso uno está relacionado con la necesidad de mejorar la información disponible sobre el equipo. Esta información permite crear la base histórica necesaria para diagnosticar los problemas del equipo. Algunas preguntas que nos podemos hacer para ver del grado de desarrollo son:

- ¿Tenemos la información necesaria sobre equipos?
- ¿Hemos identificado los criterios para calificar los equipos?
- ¿Contamos con una lista priorizada de los equipos?
- ¿Se han definido los tipos de fallos potenciales?
- ¿Poseemos históricos de averías e intervenciones?
- ¿Contamos con registros sobre MTBF para equipos y sistemas?
- ¿Poseemos un sistema de costes de mantenimiento?
- ¿Qué problemas tiene la función de mantenimiento?
- ¿La calidad de servicio de mantenimiento es la adecuada?

Paso 2. Eliminar deterioro del equipamiento y mejorarlo

El paso dos busca eliminar los problemas del equipo y desarrollar acciones que eviten la presencia de fallos similares en otros equipos idénticos. En esta etapa se aplica la estrategia Daily Management Maintenance o mejora de equipos en forma rutinaria.

- Eliminar averías en forma radical aplicando métodos de Mejora continua o Kobetsu Kaizen.
- Eliminar fallos de proceso
- Mejorar el manejo de la información estadística para el diagnóstico de fallos y averías.

- Implantar acciones para evitar la recurrencia de fallos.
- Aplicación del ciclo DMM (Daily Management Maintenance)

Paso 3. Mejorar el sistema de información para la gestión

El paso tres busca que se mejore el sistema de información para la gestión de mantenimiento. Es frecuente entender que en este paso se debe introducir un programa informático o mejorar el actual. Sin embargo, en esta etapa es fundamental crear modelos de sistemas de información de los fallos y averías para su eliminación, antes de implantar un sistema de gestión de gestión de mantenimiento de equipos.

- ¿El diseño de la base de datos de mantenimiento es la adecuada?
- ¿Tenemos información necesaria sobre fallos, averías, causas e intervenciones?
- ¿El conocimiento en mantenimiento se conserva?
- ¿Tenemos la información técnica del equipo?
- ¿Contamos con un sistema de información que apoye la gestión de mantenimiento?
- ¿El sistema de gestión de mantenimiento permite controlar todos los recursos de la función: piezas, planos, recambios?

Paso 4. Mejorar el sistema de mantenimiento periódico

El paso cuatro está relacionado con el establecimiento de estándares de mantenimiento, realizar un trabajo de preparación para el mantenimiento periódico, crear flujos de trabajo, identificar equipos, piezas, elementos, definir estrategias de mantenimiento y desarrollo de un sistema de gestión para las acciones de mantenimiento contratado.

- Diseñar estrategias de mantenimiento: criticidad, frecuencia, tipo de mantenimiento, empleo de tablas MTBF, etc.
- Preparar estándares de mantenimiento: procedimientos, actividades, estándares, registro de información, etc.
- Desarrollo de un sistema de gestión de repuestos y recambios.
- Implantar un sistema de aseguramiento de la calidad en mantenimiento.
- Gestión de información del mantenimiento contratado.

Paso 5. Desarrollar un sistema de mantenimiento predictivo

El paso cinco busca introducir tecnologías de mantenimiento basado en la condición y predictivo. Se diseñan los flujos de trabajo, selección de tecnología, formación y aplicación en la planta.

- Introducir tecnología para el diagnóstico de equipos.
- Formación del personal sobre esta clase de tecnologías.
- Preparar diagramas de flujo de procesos de predictivo .
- Identificar equipos y elementos iniciales para aplicar progresivamente las tecnologías de predictivo.
- Mejorar la tecnología de diagnóstico: automatizar la toma información y proceso vía Internet.

Paso 6. Desarrollo superior del sistema de mantenimiento

El paso seis desarrolla procesos Kaizen para la mejora del sistema de mantenimiento periódico establecido, desde los puntos de vista técnico, humano y organizativo.

- Evaluar el progreso en el MTBF, MTTR, EGE y otros índices.

- Desarrollo de la tecnología de Ingeniería de Mantenimiento. Evaluar económicamente sus beneficios.

- Mejorar la tecnología estadística y de diagnóstico.
- Explorar el empleo de tecnologías emergentes: - CBR (Case-Base Reasoning)
  - Redes Neuronales

  - Ingeniería Estadística

  - Knowledge Management

4.4   MANTENIMIENTO   DE   CALIDAD (HINSHITSU HOZEN).

Mantenimiento de Calidad es conocido en Japón con el nombre Hinshitsu Hozen. Donde la palabra Hinshitsu significa "calidad". La palabra Hinshitsu Kanri es muy conocida ya que significa control de Calidad. Hozen es la palabra japonesa que significa mantenimiento.

Es una estrategia de mantenimiento que tiene como propósito establecer las condiciones del equipo en un punto donde el "cero defectos" es factible. Las acciones del MC buscan verificar y medir las condiciones "cero defectos" regularmente, con el objeto de facilitar la operación de los equipos en la situación donde no se generen defectos de calidad.

Mantenimiento de Calidad no es...

- Aplicar técnicas de control de calidad a las tareas de mantenimiento
- Aplicar un sistema ISO a la función de mantenimiento
- Utilizar técnicas de control estadístico de calidad al mantenimiento
- Aplicar acciones de mejora continua a la función de mantenimiento

Mantenimiento de Calidad es...

- Realizar acciones de mantenimiento orientadas al cuidado del equipo para que este no genere defectos de calidad
- Prevenir defectos de calidad certificando que la maquinaria cumple las condiciones para "cero defectos" y que estas se encuentra dentro de los

estándares técnicos.

- Observar las variaciones de las características de los equipos para prevenir defectos y tomar acciones adelantándose a las situación de anormalidad potencial.

- Realizar estudios de ingeniería del equipo para identificar los elementos del equipo que tienen una alta incidencia en las características de calidad del producto final, realizar el control de estos elementos de la máquina e intervenir estos elementos.

Mantenimiento de Calidad y Control de Calidad en el Proceso...no es lo mismo..

Lo importante no es mantener en funcionamiento el equipo (se supone que es altamente fiable gracias a otros pilares TPM). Se trata de mantener los más altos estándares de calidad del producto controlando las condiciones de los elementos y sistemas de la maquinaria. El control de calidad en proceso se concentra en este, mientras que el MC se concentra en las condiciones de la maquinaria.

4.4.1   Principios Del Mantenimiento De Calidad.

Los principios en que se fundamenta el Mantenimiento de Calidad son:

1.   Clasificación de los defectos e identificación de las circunstancias en que se presentan, frecuencia y efectos.
2.   Realizar un análisis PM (Mantenimiento Preventivo) para identificar los factores del equipo que generan los defectos de calidad.
3.   Establecer valores estándar para las características de los factores del equipo y valorar los resultados a través de un proceso de medición.
4.   Establecer un sistema de inspección periódico de las características críticas. 5. Preparar matrices de mantenimiento y valorar periódicamente los estándares.

4.4.2   Herramientas De Análisis En El Mantenimiento De Calidad.

Los principales instrumentos utilizados en el MC son:

- Matriz QA o Mantenimiento de Calidad
- Análisis Modal de Fallos y Efectos
- Método PM
- Tecnologías para medir las condiciones de los parámetros del equipo
- Técnicas de Mejoras Enfocadas (Kobetsu Kaizen)
- Diagramas de flujo de proceso

- Diagramas matriciales
- Lecciones de un punto (LUP).
- Técnicas de análisis de capacidad de proceso

4.4.3 Tecnologías Utilizadas En El Mantenimiento De Calidad Para Las Mediciones.

- Instrumentos de medida
- Galgas
- Indicadores de interferencia láser
- Máquinas de medición por láser
- Visiogramas
- Medidores de tensión
- Vibrotensores
- Osciloscopios
- Medidores de potencia (Vatímetro)
- Termómetros
- Rayos X
- Medidores de ángulos
- Contadores de partículas
- Medidores de sonido y FFT (Fast Fourier Transform)

4.4.4 Etapas Del Pilar Mantenimiento De Calidad.

El JIPM ha establecido nueve etapas para el desarrollo del Mantenimiento de Calidad. Estas se deben auditar y siguen las estrategias de prueba piloto, equipo modelo y transferencia del conocimiento utilizados en otros pilares TPM.

Etapa 1. Identificación de la situación actual del equipo

Etapa 2. Investigación de la forma como se generan los defectos

Etapa 3. Identificación y análisis de las condiciones 4M (Materiales, Máquina, Método y Mano de obra)

Etapa 4. Estudiar las acciones correctivas para eliminar "Fuguais"

Etapa 5. Analizar las condiciones del equipo para productos sin defectos y comparar los resultados.

Etapa 6. Realizar acciones Kobetsu Kaizen o de mejora de las condiciones 4M.

Etapa 7. Definir las condiciones y estándares de las 4M

Etapa 8. Reforzar el método de inspección

Etapa 9. Valorar los estándares utilizados

4.5   SEGURIDAD E HIGIENE.

"El número de accidentes crece en proporción al número de pequeñas paradas"
Principio TPM en seguridad

Principios del pilar higiene, seguridad y entorno:

• Un equipo con defectos es una fuente de riesgos
• El desarrollo de MA y 5S es la base de la seguridad
• El Kobetsu Kaizen es el instrumento para eliminar riesgos en los equipo
• La formación en habilidades de percepción es la base de la identificación de riesgos
• El personal formado profundamente en el equipo asume mayor responsabilidad por su salud y seguridad
• La práctica de los procesos TPM crean responsabilidad por el cumplimiento de los reglamentos y estándares

En el siguiente diagrama se muestra las relaciones entre la productividad, la seguridad y los pilares TPM:

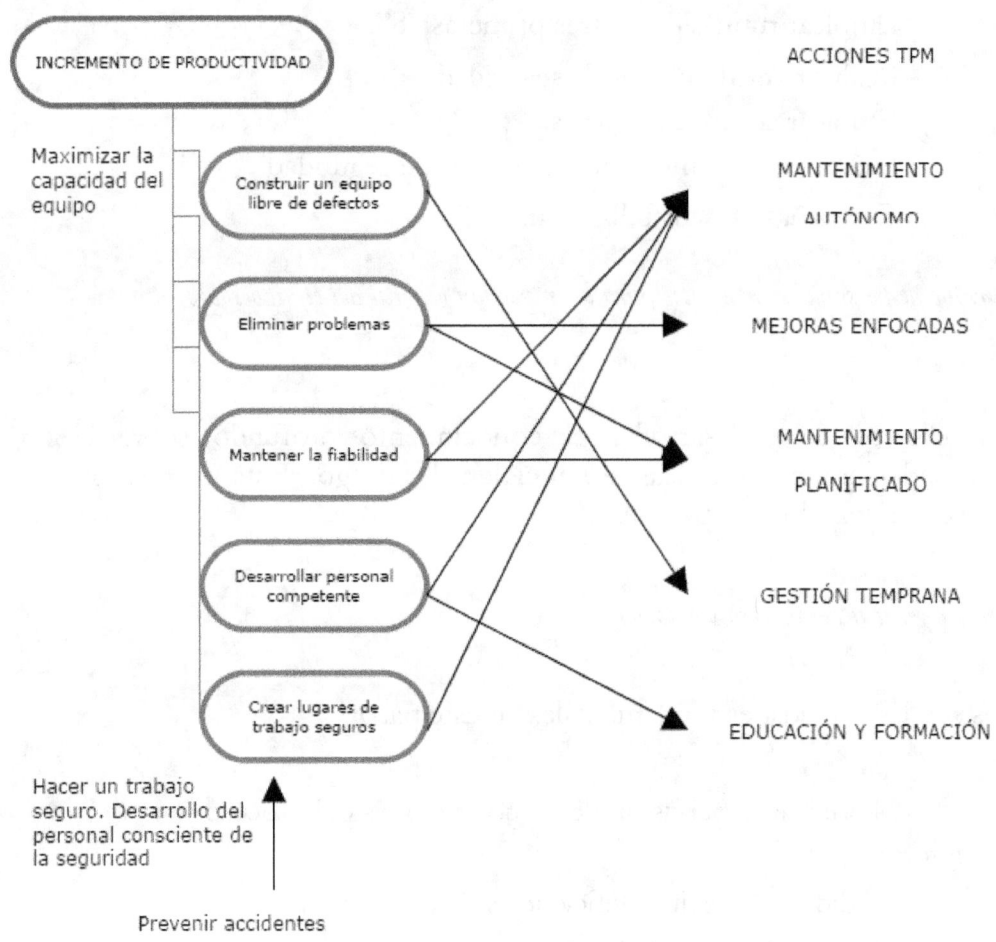

INCREMENTO DE PRODUCTIVIDAD

Maximizar la capacidad del equipo

Construir un equipo libre de defectos

Eliminar problemas

Mantener la fiabilidad

Desarrollar personal competente

Crear lugares de trabajo seguros

Hacer un trabajo seguro. Desarrollo del personal consciente de la seguridad

Prevenir accidentes

ACCIONES TPM

MANTENIMIENTO AUTÓNOMO

MEJORAS ENFOCADAS

MANTENIMIENTO PLANIFICADO

GESTIÓN TEMPRANA

EDUCACIÓN Y FORMACIÓN

Los pasos para el desarrollo del pilar de seguridad e higiene son:

Paso 1. Seguridad en la limpieza inicial en mantenimiento autónomo. Se utilizan las siguientes herramientas:

- Mapas de seguridad
- Análisis de riesgos potenciales
- Conocimiento básico del equipo
- Identificación de fuentes de contaminación

Paso 2. Mejora en los equipos para evitar fugas que producen trabajos inseguros.

Las acciones se orientan a eliminar las fuentes de contaminación y áreas de difícil acceso, que producen riesgos potenciales de accidentes.

Paso 3. Estandarizar las rutinas de seguridad.

Dentro de las actividades a realizar en este paso se encuentran:

87

- Emplear rutinas de las tres primeras "S".
- Realizar verificaciones de seguridad.
- Emplear controles visuales.
- Limitar riesgos mediante revisiones de seguridad.
- Campañas de sensibilización.

Paso 4. Desarrollo de personas competentes para la inspección general del equipo sobre seguridad.

Para ello se debe desarrollar el conocimiento profundo sobre el funcionamiento del equipo y causas potenciales de riesgo. Esta formación debe realizarse empleando ejemplos reales.

Paso 5. Inspección general del proceso y entorno.

Tres son las actividades fundamentales en este paso:

- Mejorar la supervisión de las condiciones del proceso y entorno.
- Medidas para evitar deficiencias de operación.
- Medidas de seguridad de "tráfico" en planta.

Paso 6. Sistematizar el mantenimiento autónomo de seguridad.

Para lograr este paso se deben revisar los estándares de procedimiento y realizar acciones de mejora continua.

5. SISTEMA DE TRABAJO.

5.1 KARAKURI KAIZEN.

En Nagoya, Japón, se celebra la exhibición anual conocida como Karakuri Kaizen. El Karakuri hace referencia a un tradicional arte japonés de emplear pequeños dispositivos, artilugios que pueden emplearse en la vida cotidiana y con el Propósito de mejorar la seguridad, control o bienestar de las personas.

La adaptación karakuri a plantas industriales se conoce como Karakuri Kaizen. Se puede interpretar como aquellos dispositivos desarrollados por trabajadores de plantas industriales para mejorar el funcionamiento de la maquinaria, eliminar defectos, evitar accidentes y mejorar la calidad del trabajo diario.

El la exposición de Nagoya se presentaron 64 plantas con 340 muestras de productos "Karakuri". Al evento participaron cerca de 4200 visitantes quienes votaron los mejores karakuri. En esta oportunidad el ganador fue el "rakuraku cart" o carro de fácil manejo presentado por la compañía Yamaha Motors. Otro Karakuri premiado fue el presentado por el trabajador Sr. Itoki Crebio de Toyota con su control visual Kaizen para libros. En esta muestra se conceden premiso a la mejor idea y la más práctica.

5.2 GESTIÓN VISUAL.

Gestión Visual es un proceso de trabajo en las empresas que emplea el Lenguaje Gráfico para comunicar de una manera fácil la situación actual de una actividad y llamar la atención para intervenirla, ya sea para mejorarla o para mantenerla.

Son múltiples las formas de desarrollar la gestión visual en una organización. Las más utilizadas en la práctica de procesos de mejora como TPM, World Class Perfomance, 5S, JIT y Control Total de Calidad se han clasificar para su estudio en este portal como:

- **Sistemas de gestión visual (SGV):** tableros de gestión del negocio, proyectos de mejora continua, control de actividades, etc.
- **Fábrica visual (FV):** ayudas para marcación de estándares de proceso, operación de equipo, seguridad, logística, gestión de stocks, etc.

La gestión visual facilita el trabajo cotidiano de los integrantes de una organización, ya que en corto tiempo (un vistazo) se puede comunicar a través de elementos gráficos la situación de las diferentes variables de los procesos y estimular la reflexión y toma de acciones por parte de la persona encargada.

Este portal tienen como propósito presentar nuestras investigaciones y reflexiones sobre este campo de gestión poco estudiado, que más que un tema técnico de marcar un sitio de trabajo o poner una cartelera, incorpora numerosas ideas de campos tan variados del pensamiento humano como las ciencias de la comunicación, diseño gráfico, management, psicología, antropología, semiótica y hasta filosofía del lenguaje. Nos proponemos compartir los recursos intelectuales utilizados y esperamos sus aportes y experiencias para el crecimiento de esta nueva forma de observar el trabajo en el interior de las organizaciones

Dentro del concepto Fábrica Visual (FV) incluimos los mecanismos de comunicación visual utilizados en una industria para facilitar el trabajo del personal operativo, mejorar la seguridad de sus acciones y garantizar la obtención de los mejores resultados. Diferenciamos los recursos de la fábrica visual con los sistemas de gestión visual, ya que se trata de ayudas gráficas sencillas sobre cómo hacer correctamente los trabajos en fábrica; mientras que los sistemas de gestión visual son sistemas de gestión que pretenden aprovechar la información recogida durante el trabajo diario para asegurar que los objetivos de la empresa se logren.

La Fábrica Visual incluye entre otros las siguientes ayudas:

Ayudas para la productividad.
- Gráficos de productividad
- Calendarios
- Diagramas de localización
- Puntos de verificación de calidad
- Recordatorios de seguridad
- Gráficos Gantt
- Diagramas de flujo
- Premios y reglas de concursos
- Agendas de trabajo
- Gestión de problemas
- Historia de mejoras realizadas
- Ventas
- Resultados
- Stocks
- Personal y turnos

90

- Rangos y escalas de operación

Trabajo en equipo.

- Reuniones
- Compromisos y responsabilidades
- Actividades
- Recursos utilizados
- Ideas generadas e implantadas
- Roles y resultados
- Funciones de limpieza
- Recomendaciones de visitantes y auditores

Documentos de trabajo.

- Estándares
- Instrumentos de medida
- Instrucciones para nuevos productos
- Formatos para averías y análisis
- Implantación de sistemas

Control de producción.

- Gestión de células JIT
- Metas de producción
- Ventas alcanzadas
- Programas previstos
- Objetivos prioritarios
- Materiales empleados

Control de calidad y proceso.

- Puntos de verificación
- Gráficos de Control
- Estándares de defectos
- Solución de problemas
- Acciones preventivas
- Histogramas y otras técnicas estadísticas
- Información sobre proveedores
- Reclamaciones de clientes
- Control de variables
- Información sobre la toma de datos y registro

Información sobre progreso.

- Gestión de mejoras
- Resultados
- Reconocimiento de logros
- Ideas implantadas
- Cumplimiento de planes
- Planes de formación y educación

Ayudas visuales para equipos.

- Marcas sobre los sitios de lubricación
- Sentido de giro de motores
- Sentido de flujo en tuberías
- Empleo de estándares de Mantenimiento Autónomo
- Niveles de aceite
- Zonas de peligro
- Candados de seguridad
- Calificación del equipo
- Mapas de lubricación
- Niveles de desgaste y/o ajuste de partes
- Guardas y protecciones

6. T.P.M. Y MANAGEMENT.

6.1 DIRECCIÓN POR POLÍTICAS (HOSHIN KANRI).

Podemos pensar que la Dirección por Políticas (DPP) es un sistema de dirección que permite formular, desarrollar y ejecutar los planes de la empresa con la participación de todos los integrantes de la organización. La DPP se emplea para asegurar el crecimiento a largo plazo, prevenir la recurrencia de situaciones no deseadas en la planificación y de problemas de ejecución.

La DPP se realiza en ciclos anuales y busca alcanzar las grandes mejoras aplicando las ideas y técnicas de control de calidad en el proceso de gestión de la empresa. En igual forma como en un proceso industrial se realizan actividades de "control de proceso", la DPP realiza actividades de control de calidad en el proceso directivo, asegurando la mínima variabilidad en el logro de los resultados de todas las personas integrantes de la organización. La DPP permite coordinar las actividades de cada persona y equipo humano para el logro de los objetivos en forma efectiva, en igual forma como un director de una orquesta sinfónica logra la coordinación de todos los artistas para que la melodía sea perfecta para el auditorio.

Este sistema de dirección permite organizar y dirigir la totalidad de actividades que promueve el TPM. Los aspectos clave de este sistema de dirección son:

- Un proceso de planificación e implantación que se puede mejorar continuamente empleando el Ciclo Deming PHVA (Planificar, Hacer, Verificar y Actuar).

- Se orienta a aquellos sistemas que deben ser mejorados para el logro de los objetivos estratégicos. Por ejemplo, la eliminación sistemática de todo tipo de despilfarros que se presentan en el proceso productivo.

- Participación y coordinación de todos los niveles y departamentos en la planificación, desarrollo y despliegue de los objetivos anuales y sus medios para alcanzarlos.

- Planificación y ejecución fundamentada en hechos.

- Formulación de metas y planes en cascada a través de toda la organización apoyándose en las verdaderas capacidades de la organización. Este sistema de compromiso funcional le da fuerza y vitalidad a procesos TPM fundamentados en la mejora continua.

La DPP es un sistema que permite planificar y ejecutar mejoras estratégicas del sistema productivo. De acuerdo al Dr. Noriaki Kano la DPP es un matrimonio entre las fortalezas de la dirección occidental y oriental: El fuerte liderazgo ejercido por los directivos occidentales dentro de una organización de consenso y participación amplia como sucede en las organizaciones japonesas.

El proceso de DPP cubre un amplio espectro de actividades: desde la identificación de las acciones más adecuadas que se deben realizar en la empresa, hasta las formas de asegurar que esas actividades son efectivamente implantadas. Se puede asumir que la DPP es la infraestructura que asegura que las actividades clave son realizadas correctamente y en el momento correcto. La DPP es el sistema de dirección que toma los objetivos estratégicos de la compañía y los traduce en actividades concretas que son ejecutadas en los diferentes niveles y áreas de la empresa. Es el puente entre el establecimiento de Propósitos y objetivos estratégicos y la acción diaria para su logro. La DPP es el motor que impulse todo proyecto de transformación continua de una organización. Creemos que un proyecto TPM sin el motor de la DPP no se desarrollará con éxito

6.2   GESTION DEL CONOCIMIENTO.

6.2.1   Importancia.

La gestión del conocimiento pretende que la empresa desarrolle una alta capacidad de adaptación y de institucionalizar el cambio. Hace que la empresa descubra o identifique sus fuerzas o capacidades internas para desarrollarlas a medida que las condiciones del entorno cambian. Recientemente las organizaciones industriales y de servicios se han venido preocupando por el proceso de creación, conservación, distribución y utilización del conocimiento como una forma de lograr transformaciones efectivas y fortalecer sus posiciones en mercados cada vez más complejos. En el actual ambiente dinámico, los movimientos tecnológicos, políticos y cambios en las condiciones de mercados generan condiciones de incertidumbre. Dentro de este escenario, numerosas empresas están construyendo capacidades de aprendizaje y creación de conocimiento en toda la empresa.

6.2.2   TPM y la fábrica inteligente.

El TPM se apoya fuertemente en el proceso de aprendizaje dentro de las fábricas. Cada uno de los procesos fundamentales cuenta con mecanismos para conservar el conocimiento y de aprendizaje. Las etapas básicas del TPM se apoyan en el registro y conservación de la experiencia adquirida por los trabajadores en el cuidado y conservación de los equipos. Cada reparación e inspección de un equipo se constituye en un proceso de generación de conocimiento. Sin embargo, es frecuente en las empresas industriales observar que este conocimiento se pierde por la falta de registros de información. En otras empresas el "dato" existe pero este no genera información por falta de interpretación. Si no existe información, no existirá la posibilidad de generarse conocimiento. El TPM requiere realizar un plan de formación y de obtención de conocimiento. El TPM aporta metodología para aprender a partir de los análisis de averías y fallos. Las enseñanzas de cada evento se conserva y transfiere a los demás integrantes de la fábrica evitando su repetición en el futuro, siendo este uno de los mecanismos de un correcto mantenimiento planificado. Algunos de los medios empleados por el TPM para la conservación y generación de conocimiento son:

6.2.3 Aprendizaje a través del análisis y solución de averías.

El aprendizaje empieza con individuos a los que se les ha concedido poder para identificar y resolver problemas independientemente ya que estos poseen un claro sentido de los objetivos de la fábrica.

6.2.4 Compartir el conocimiento a través de lecciones sobre un punto o "One Point Lesson".

Esta clase de procedimientos se emplea para recoger el conocimiento generado en la empresa en cada una de las actividades cotidianas se trata que cada empleado "tenga algo que enseñar a sus compañeros". El JIPM ofrece una metodología muy desarrollada sobre la forma de realizar este tipo de lecciones, estrategias de utilización en cada pilar TPM y medios de motivación para que el trabajador participe activamente en su realización.

6.2.5 Formación intense.

La capacitación, el desarrollo de la persona y la aplicación del conocimiento adquirido son las bases fundamentales del proceso de transformación de la organización. Dentro del TPM existen numerosas posibilidades para desarrollar modelos de formación. Algunas de las posibilidades para el aprendizaje en un proceso TPM son:

- Reflexión permanente sobre el grado de avance del MPT a través de auditorías de progreso.

- Sesiones de diálogo y encuentros para compartir experiencias adquiridas.

- Implantación del TPM a través de líneas piloto. Cada experiencia piloto es monitoreada en profundidad para identificar la mayor cantidad de conocimiento en su avance.

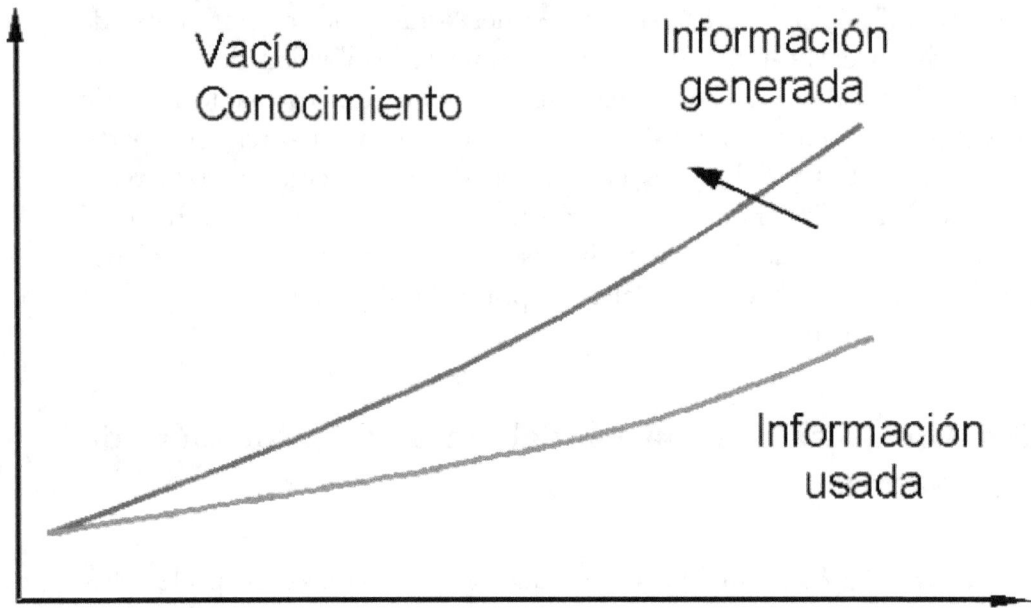

6.2.6   Empleo del conocimiento en mantenimiento.

El conocimiento en mantenimiento debe ser la próxima frontera o desafío de los jefes y directores de mantenimiento en las empresas. Debido al avance en la tecnología de los equipos, las empresas requieren un mayor nivel de formación del personal técnico y directivo. El vacío de conocimiento que existe en la función de mantenimiento se debe principalmente a las siguientes causas:

- No existe una fuerte cultura de escribir y conservar el conocimiento.
- No se ha apreciado que una avería puede ser una fuente de conocimiento y que se debe capitalizar esta experiencia mediante el registro de causas, fenómenos y acciones tomadas.

- No se emplea la información para obtener conocimiento. Las estadísticas no son entendidas como herramientas de diagnóstico. Prevalece la experiencia y la habilidad técnica.

- La dirección de la empresa no le da la importancia y no estimula el trabajo con datos.

- Las técnicas de fiabilidad y mantenibilidad pueden tener algún grado de dificultad para el profesional de mantenimiento con poca práctica en estadística industrial.

Estos problemas deben ser resueltos por los responsables de mantenimiento y en la mayoría de los casos se requiere una sensibilización sobre la necesidad de trabajar con datos y al importancia de estos. Es recomendable dentro de los programas de formación técnica incorporar acciones de formación orientadas a mejorar el nivel de conocimiento en estadística industrial de los técnicos de mantenimiento. Es posible que no se requieran conocimiento profundos matemáticos, ya que los tediosos cálculos se pueden realizar con programas especializados. Lo importante es poner en práctica los conceptos y que la toma de decisiones se haga con un fundamento de conocimiento existente en los datos.

www.ingramcontent.com/pod-product-compliance
Lightning Source LLC
Chambersburg PA
CBHW081053170526
45165CB00006B/2264